台灣自然圖鑑 053

章錦瑜 著・攝影

傘花鐵心木
花序的小花密集成圓球狀，徑約5~10公分

屏東鐵線蓮
鐵線蓮的花主要觀賞多彩且大型的花萼

欒子木
單瓣花徑約7~10公分，雄蕊數多，長短各半，花絲黃橙

碧玉藤
總狀花序下垂狀，花序長可達1公尺，蝶形花冠，花期12-5月

喬木與蔓藤
賞花圖鑑
Tree and Vine

300多種觀賞植物的葉、花、果之辨識與欣賞
園藝品種介紹・植物賞花地圖

垂花楤
成串花苞似葡萄，又名黃金葡萄樹

書帶木
花白粉色，6-8花瓣，花徑7~10公分，中心的子房球形，徑0.3~0.4公分

大果西番蓮
花冠徑可達12公分，外側花瓣紅色，長絲狀副花冠紫色、有白斑紋

砲彈樹
花徑10~12公分，6花瓣肉質，內粉紅色，外黃色

紫翼藤
大型彩色苞片似花瓣，為主要觀賞部位，色彩持久

紫鈴藤
喇叭狀花冠，兩側對稱，花冠徑約6公分

晨星出版

喬木與蔓藤賞花圖鑑

閱讀說明 ……………… ● 012
作者序 ………………… ● 013

CONTENT

喬木

紅粉色花

薔薇科
　山櫻 ……………………… ● 016
　櫻花 ……………………… ● 018

豆科
　合歡 ……………………… ● 020
　瓔珞木 …………………… ● 021
　艷紫荊 …………………… ● 022
　洋紫荊 …………………… ● 024
　羊蹄甲 …………………… ● 026
　大寶冠木 ………………… ● 027
　花旗木 …………………… ● 028
　白花花旗木 ……………… ● 029
　金黃花旗木 ……………… ● 029
　粉橙花旗木 ……………… ● 029
　紅花鐵刀木 ……………… ● 030
　爪哇旃那 ………………… ● 032
　彩虹旃那 ………………… ● 034
　鳳凰木 …………………… ● 035
　火炬刺桐 ………………… ● 037
　珊瑚刺桐 ………………… ● 038
　雞冠刺桐 ………………… ● 039
　黃脈刺桐 ………………… ● 041
　刺桐 ……………………… ● 042
　南洋櫻 …………………… ● 044
　雨豆樹 …………………… ● 046

五加科
　澳洲鴨腳木 ……………… ● 048

胭脂樹科
　胭脂樹 …………………… ● 049

山龍眼科
　紅花銀樺 ………………… ● 051

梧桐科
　昂天蓮 …………………… ● 052
　槭葉蘋婆 ………………… ● 053
　星花酒瓶樹 ……………… ● 055
　掌葉蘋婆 ………………… ● 057

木棉科
　美人樹 …………………… ● 059
　粉紅木棉 ………………… ● 061
　白花修面刷樹 …………… ● 062

錦葵科
　木芙蓉 …………………… ● 063
　重瓣木芙蓉 ……………… ● 064
　山芙蓉 …………………… ● 066
　百齡花 …………………… ● 068

藤黃科
　書帶木 …………………… ● 069

TREE

桃金孃科
- 串錢柳 ················· 071
- 密花串錢柳 ············ 072
- 銀葉鐵心木 ············ 072
- 傘花鐵心木 ············ 073

玉蕊科
- 棋盤腳樹 ··············· 075
- 水茄苳 ·················· 077
- 砲彈樹 ·················· 079

千屈菜科
- 稜萼紫薇 ··············· 081

火筒樹科
- 火筒樹 ·················· 082

紫葳科
- 十字葉蒲瓜樹 ········· 084
- 蒲瓜樹 ·················· 085
- 臘腸樹 ·················· 086
- 火焰木 ·················· 087
- 風鈴木 ·················· 089
- 粉鐘鈴 ·················· 091

橙色花

豆科
- 膠蟲樹 ·················· 094
- 垂花楹 ·················· 095
- 黃花無憂花 ············ 097

木棉科
- 木棉 ····················· 099

黃色花

木蘭科
- 黃玉蘭 ·················· 102

番荔枝科
- 山刺番荔枝 ············ 104
- 香水樹 ·················· 106

豆科
- 大實孔雀豆 ············ 108
- 相思樹 ·················· 110
- 金合歡 ·················· 111
- 阿勃勒 ·················· 112
- 小豆樹 ·················· 114
- 黃花鳳凰木 ············ 115
- 墨水樹 ·················· 116
- 盾柱木 ·················· 118
- 印度紫檀 ··············· 120
- 菲律賓紫檀 ············ 121
- 四葉黃槐 ··············· 122
- 鐵刀木 ·················· 123
- 美麗決明 ··············· 125
- 黃槐 ····················· 126

山龍眼科
- 銀樺 ····················· 128

錦葵科
- 小笠原黃槿 ············ 130
- 黃槿 ····················· 131
- 彩葉黃槿 ··············· 132
- 繖楊 ····················· 133

桃金孃科
- 黃金蒲桃 ··············· 135

無患子科
臺灣欒樹 · 137

漆樹科
芒果 · 139
山鹽青 · 141

夾竹桃科
黃花夾竹桃 · 143
粉黃夾竹桃 · 143

紫葳科
黃花風鈴木 · 144
黃金風鈴木 · 145
海南菜豆樹 · 148
銀鱗風鈴木 · 150
黃鐘花 · 151

彎子木科
彎子木 · 152

胡麻科
黃花艷桐草 · 154

藍紫色花

豆科
水黃皮 · 156

千屈菜科
大花紫薇 · 158

楝科
楝樹 · 160

紫葳科
藍花楹 · 163

茄科
大花茄 · 165

玄參科
臺灣泡桐 · 167

白色花

木蘭科
夜合花 · 170
洋玉蘭 · 171
白玉蘭 · 173
烏心石 · 175
蘭嶼烏心石 · 176
南洋含笑 · 178

第倫桃科
第倫桃 · 179
菲律賓第倫桃 · 181

薔薇科
臺東石楠 · 182
臺灣石楠 · 185
紫葉李 · 187
梅 · 188
李 · 190
梨 · 192

TREE

豆科
- 大葉合歡 ·············· • 193
- 白花羊蹄甲 ············ • 195
- 羽毛樹豆 ·············· • 195

忍冬科
- 西洋接骨木 ············ • 196
- 黑葉接骨木 ············ • 197
- 珊瑚樹 ················ • 198
- 臺灣蝴蝶戲珠花 ········ • 200

大風子科
- 天料木 ················ • 202

海桐科
- 臺灣海桐 ·············· • 204

山柑科
- 魚木 ·················· • 206
- 加羅林魚木 ············ • 208

檉柳科
- 無葉檉柳 ·············· • 210

椴樹科
- 腺葉杜英 ·············· • 211
- 大花杜英 ·············· • 212
- 錫蘭橄欖 ·············· • 214
- 杜英 ·················· • 216

梧桐科
- 梧桐 ·················· • 218
- 翅子木 ················ • 220
- 臺灣梭羅木 ············ • 221
- 蘭嶼蘋婆 ·············· • 223
- 蘋婆 ·················· • 225

木棉科
- 猢猻木 ················ • 227
- 吉貝 ·················· • 229
- 白花美人樹 ············ • 231
- 馬拉巴栗 ·············· • 232

大戟科
- 油桐 ·················· • 234
- 石栗 ·················· • 236
- 皺桐 ·················· • 238
- 烏桕 ·················· • 240

山茶科
- 森氏紅淡比 ············ • 242
- 大頭茶 ················ • 244
- 木荷 ·················· • 246
- 厚皮香 ················ • 247

藤黃科
- 蘭嶼胡桐 ·············· • 248
- 瓊崖海棠 ·············· • 249
- 福木 ·················· • 251

桃金孃科
- 賽赤楠 ················ • 253
- 檸檬桉 ················ • 255
- 彩虹桉 ················ • 257
- 黃金串錢柳 ············ • 258
- 白千層 ················ • 260
- 番石榴 ················ • 262
- 澳洲蒲桃 ·············· • 264
- 小葉赤楠 ·············· • 265
- 肯氏蒲桃 ·············· • 267
- 臺灣赤楠 ·············· • 269
- 蒲桃 ·················· • 271
- 高士佛赤楠 ············ • 273
- 蓮霧 ·················· • 274
- 彩虹赤楠 ·············· • 276
- 大花赤楠 ·············· • 277

千屈菜科
九芎 …………………… ● 278
指甲花 …………………… ● 280

使君子科
欖李 …………………… ● 281

胡頹子科
椬梧 …………………… ● 283

紫金牛科
蘭嶼樹杞 …………………… ● 285

芸香科
柚 …………………… ● 287
馬蜂橙 …………………… ● 288
檸檬 …………………… ● 290
香水檸檬 …………………… ● 291
橘子 …………………… ● 292
石苓舅 …………………… ● 294

漆樹科
臺東漆 …………………… ● 295

木犀科
紅頭李欖 …………………… ● 297
流蘇 …………………… ● 298
白雞油 …………………… ● 300

夾竹桃科
海檬果 …………………… ● 302
鈍頭緬梔 …………………… ● 304

茜草科
咖啡 …………………… ● 306
欖仁舅 …………………… ● 307

紫葳科
蠟燭木 …………………… ● 309

厚殼樹科
厚殼樹 …………………… ● 310

馬鞭草科
海州常山 …………………… ● 312

龍膽科
灰莉 …………………… ● 313

多色花

木蘭科
木蘭 …………………… ● 316
白木蓮 …………………… ● 318
暗紫紅玉蘭 …………………… ● 318
夏臘梅 …………………… ● 318
柳葉木蘭 …………………… ● 318
星花木蘭 …………………… ● 318
怡笑花 …………………… ● 319

薔薇科
桃 …………………… ● 320
絳桃 …………………… ● 322
碧桃 …………………… ● 323
水蜜桃 …………………… ● 324
菊花桃 …………………… ● 324
紫紅葉桃 …………………… ● 324

千屈菜科
紫薇 …………………… ● 325
小花紫薇 …………………… ● 330

夾竹桃科
緬梔 …………………… ● 331

蔓藤

VINE

紅粉色花

豆科
　穗花木藍 …………… ● 336

忍冬科
　京紅久金銀花 ………… ● 338

西番蓮科
　大果西番蓮 …………… ● 339
　艷紅西番蓮 …………… ● 340

大戟科
　紫翼藤 ………………… ● 342

使君子科
　使君子 ………………… ● 343
　大花直立使君子 ……… ● 344

野牡丹科
　圓葉布勒德藤 ………… ● 345
　多花蔓性野牡丹 ……… ● 346
　蔓性野牡丹 …………… ● 347
　多花野牡丹藤 ………… ● 348

夾竹桃科
　旋花羊角拗 …………… ● 349

蘿藦科
　橡膠紫茉莉 …………… ● 350
　歐蔓 …………………… ● 351

紫葳科
　紫芸藤 ………………… ● 351

馬鞭草科
　紅萼龍吐珠 …………… ● 353

蓼科
　珊瑚藤 ………………… ● 354
　粉團蓼 ………………… ● 356

旋花科
　馬鞍藤 ………………… ● 358
　王妃藤 ………………… ● 359
　樹牽牛 ………………… ● 360

唇形科
　琉球鈴木草 …………… ● 361
　鈴木草 ………………… ● 362

橙色花

豆科
　橙羊蹄甲藤 …………………… ● 364

紫葳科
　凌霄花 ………………………… ● 365
　炮仗花 ………………………… ● 366
　洋凌霄 ………………………… ● 368

菊科
　墨西哥火焰藤 ………………… ● 370

黃色花

番荔枝科
　鷹爪花 ………………………… ● 372

葫蘆科
　木鱉果 ………………………… ● 373

黃褥花科
　三星果藤 ……………………… ● 374

馬錢科
　法國香水花 …………………… ● 376

木犀科
　黃素馨 ………………………… ● 377
　雲南黃馨 ……………………… ● 378

夾竹桃科
　多花黃蟬 ……………………… ● 379
　軟枝黃蟬 ……………………… ● 380
　金香藤 ………………………… ● 382

蘿藦科
　蘇氏歐蔓 ……………………… ● 383

馬鞭草科
　菲律賓石梓 …………………… ● 384

菊科
　雙花蟛蜞菊 …………………… ● 386
　蟛蜞菊 ………………………… ● 387
　單花蟛蜞菊 …………………… ● 388
　大天蓬草舅 …………………… ● 389
　南美蟛蜞菊 …………………… ● 390

茄科
　金盃藤 ………………………… ● 391

旋花科
　木玫瑰 ………………………… ● 392

爵床科
　跳舞女郎 ……………………… ● 393

唇形科
　黃金藤 ………………………… ● 394

VINE

藍紫色花

豆科
蝶豆 .... • 396
小葉魚藤 .... • 398
血藤 .... • 400
蝸牛藤 .... • 402
日本紫藤 .... • 403
中國紫藤 .... • 405
白花紫藤 .... • 406

西番蓮科
粉紫西番蓮 .... • 407

紫葳科
紫鈴藤 .... • 408

馬鞭草科
錫葉藤 .... • 410
白花錫葉藤 .... • 411
大葉錫葉藤 .... • 412

木通科
臺灣木通 .... • 414
木通 .... • 415

茄科
懸星花 .... • 417

旋花科
槭葉牽牛 .... • 419
銳葉牽牛 .... • 421
紫花牽牛藤 .... • 422

爵床科
赤道櫻草 .... • 423
斑葉赤道櫻草 .... • 424
蔓性蘆莉 .... • 425
大鄧伯 .... • 426
月桂葉鄧伯花 .... • 427

鴨跖草科
耳葉鴨跖草 .... • 428
塊莖鴨跖草 .... • 430

白色花

忍冬科
忍冬 .... • 432

西番蓮科
藍西番蓮 .... • 434
白花西番蓮 .... • 435
百香果 .... • 436
毛西番蓮 .... • 438

黃褥花科
猿尾藤 .... • 440

鼠李科
小葉黃鱔藤 .... • 442

木犀科
- 粉苞素馨 ······ 443
- 山素英 ······ 445
- 天使之翼素馨 ······ 447
- 秀英花 ······ 449
- 多花素馨 ······ 450

夾竹桃科
- 百合藤 ······ 451
- 細梗絡石 ······ 452
- 黃金絡石 ······ 454
- 斑葉絡石 ······ 455
- 絡石 ······ 456

蘿藦科
- 毬蘭 ······ 458
- 卷葉毬蘭 ······ 459
- 彩葉毬蘭 ······ 459
- 斑葉毬蘭 ······ 460
- 大毛帽毬蘭 ······ 460
- 心葉毬蘭 ······ 461
- 斑葉心葉毬蘭 ······ 461
- 流星毬蘭 ······ 462
- 非洲茉莉 ······ 463

紫葳科
- 馨葳 ······ 465
- 白花馨葳 ······ 465
- 粉花馨葳 ······ 465
- 斑葉馨葳 ······ 466

馬鞭草科
- 龍吐珠 ······ 467
- 斑葉龍吐珠 ······ 468

茄科
- 素馨葉白英 ······ 469
- 金葉藤 ······ 470

旋花科
- 厚葉牽牛 ······ 471

爵床科
- 白花赤道櫻草 ······ 472

唇形科
- 金錢薄荷 ······ 473
- 斑葉金錢薄荷 ······ 474

綠色花

豆科
- 碧玉藤 ······ 476

西番蓮科
- 三角葉西番蓮 ······ 478

蘿藦科
- 華他卡藤 ······ 480

VINE

多色花

毛茛科
　鐵線蓮…………… ● 496

花荵科
　電燈花…………… ● 501

花索引…………… ● 503

紫茉莉科
　九重葛………………… ● 482
　重苞九重葛…………… ● 486
　斑葉九重葛…………… ● 486
　鑲嵌九重葛…………… ● 487
　彩葉九重葛…………… ● 487
　火炬九重葛…………… ● 488
　斑葉火炬九重葛……… ● 488
　粉紅豹九重葛………… ● 489
　畫報九重葛…………… ● 489
　金心雙色九重葛……… ● 489

夾竹桃科
　紫蟬花………………… ● 490
　小紫蟬………………… ● 491
　紅粉紫蟬……………… ● 491
　暗紅紫蟬……………… ● 491
　飄香藤………………… ● 492
　白花飄香藤…………… ● 493
　粉白花重瓣飄香藤…… ● 493
　杏色花飄香藤………… ● 493
　粉紅花飄香藤………… ● 494
　紅花飄香藤…………… ● 494
　粉花飄香藤…………… ● 494
　紅花重瓣飄香藤……… ● 494
　豔紅花飄香藤………… ● 495
　斑色豔紅花飄香藤…… ● 495
　斑葉艷紅花飄香藤…… ● 495

掃描下載

花索引　　植物地圖導航

中名索引　　英名索引　　學名索引

閱讀說明

- **人與樹高的比例關係**
  顯示該植物為大喬木或中、小喬木

- **顯示成熟之樹型**
  該植物為落葉喬木
  常綠樹冠全是葉片

- **科名**

- **喬木**
  具明顯主幹
  植株較高大

- **枝葉**
  葉與莖枝
  生長方式

- **花**

- **掃描**
  顯示地點導航

- **果實與種子**

- **整株實景**

- **花朵盛開景觀**

026 豆科 喬木

羊蹄甲

- 學名 *Bauhinia variegata*
- 原產地 南亞至東南亞

◀單葉互生，葉長 5~8 公分、寬 8~12 公分，柄長 2~3 公分

◀嫩枝與葉背滿佈毛茸

葉面

▲葉端內裂約葉長的 3 分之 1，葉基有掌狀 11~13 出脈

▲英果長 15~25 公分，寬約 2 公分

▼中央上方花瓣，具深紫紅斑塊與放射條紋，花冠徑 7~8 公分

▶花朵初開至謝會變色，群花多彩化，淡粉、桃紅、紅粉至紫粉色（東海大學）

▲花瓣倒卵匙形，瓣基漸狹，有藥雄蕊 5~6，1 雌蕊

▶落葉小喬木，落葉後之 3~4 月開花，花後才萌發新葉（東海大學）

▼高速公路北上近臺中交流道

序

東海大學景觀學系屆齡退休後,吃喝玩樂的日子,竟然只有 3 年
40 多年前,初來東海任教時,市面上沒有教科書,只得親自撰寫
出版一套 6 大本的景觀植物,至今仍有許多人收藏,但品質太差
這套書是大學景觀植物課程的重要教科書,為不影響教學,只能出新書,開始忙碌起來

每次改版就是一本新書,照片重新拍攝、植物種類汰舊換新,緊跟時代腳步,增加許多
近年來苗圃新出現的植物。內容更完整、更豐富,品質更佳、質感更精緻,功能更多元
這是第 4 個新版本,減少文字敘述,以圖片為主,是真正的圖鑑,也兼具賞花地圖功能
2021 年 / 賞樹圖鑑,2023 年 / 灌木及多年生草本賞花圖鑑,2025 年 / 喬木與蔓藤賞花圖鑑

本書特色

- 新增 QR Code,不僅有中名、英名、學名索引,亦包括花索引與植物地圖導航
- 所有 AI 水彩插畫,皆由本人拍攝照片轉換而成
- 多數照片皆為近 5 年拍攝,拍攝時啟用定位功能,並依據導航資訊製作 QR Code

特別感謝

感謝兒子,教我圖片後製、AI 手繪插畫與攝影技術,也在版面設計上提供許多優化建議
感謝老公開車,載我到處找植物拍照,亦常協助拍攝與送稿至出版社,辛苦了
感謝田尾豐田景觀苗圃陳佳興,長期提供苗木,使我能觀察與研究植物型態與生長特性
照片提供者:
吳金治、吳春霖、吳昭祥、巫鴻澤、李筱瑩、林德保、邱楷婷、邱聰智、高立新、張元
聰、張集豪、陳佑松、陳佩君、陳佳興、陳俊吉、陳俊男、曾昭淞、黃崇義、黃毅斌、
楊文化、楊景仁、劉昌達、蔡明松、蔡錦吉、藍山
田尾美加美玫瑰園的貴姐與陳俊吉,提供鐵線蓮品種名稱,使本書更臻完善

回顧這些年,才驀然發現,學習景觀植物的人,實在是最辛苦的一群。現今臺灣苗圃產
業蓬勃發展,新品種不斷地被引進與育成,為了跟上時代的腳步,必須持續去追趕學習
但也因著經常走訪各地賞花、拍攝植物,讓身心靈獲得景觀療癒,收穫豐富,受益良多

這輩子,從 20 歲開始堅持做自己,考進自己有興趣的臺大園藝系,進而找到了造園與景
觀設計的方向;31 歲那年,更實現了從小的夢想,成為一名教師,也在臺大研究所期間,
很幸運遇見貴人曹正老師,聘請我至東海大學景觀學系任教,展開教職生涯,直到現在

自小學起,便熱愛寫作與畫圖,為賺取零用錢,還曾偷偷投稿至《國語日報》賺取稿費
後來,從事教職,並開始出版書籍,更讓我得以全面發揮自己的興趣與所長,不論是版
面設計、攝影、圖片後製,到內容撰寫,每版本都不斷成長,朝向更精緻、更豐富邁進
如今已 74 歲,還有機會再出版新書,逼自己得學習新東西,這真是我人生中莫大的幸運
雖然出新書的過程中,常感倦怠與煎熬,也承受不小的壓力,但每每書籍出版之時,內
心總充滿著成就感與欣慰,一輩子都能做著自己熱愛的工作,我太幸運了、也超級幸福

誠摯期待讀者協助勘誤與指正,讓本書更臻完美、無懈可擊
大力推薦電子書版本,存於手機、便於隨處導航賞花,且可放大觀看,較能清晰呈現毛
茸、腺體、葉脈紋路、花朵、果、樹幹等細節特徵,也具備搜尋功能,查找資料更便利

章錦瑜 2025 年 4 月於臺中

喬木

紅粉色花

薔薇科 喬木

山櫻

- 學名 *Prunus campanulata*
- 英名 Taiwan cherry
- 別名 緋寒櫻
- 臺灣原生種

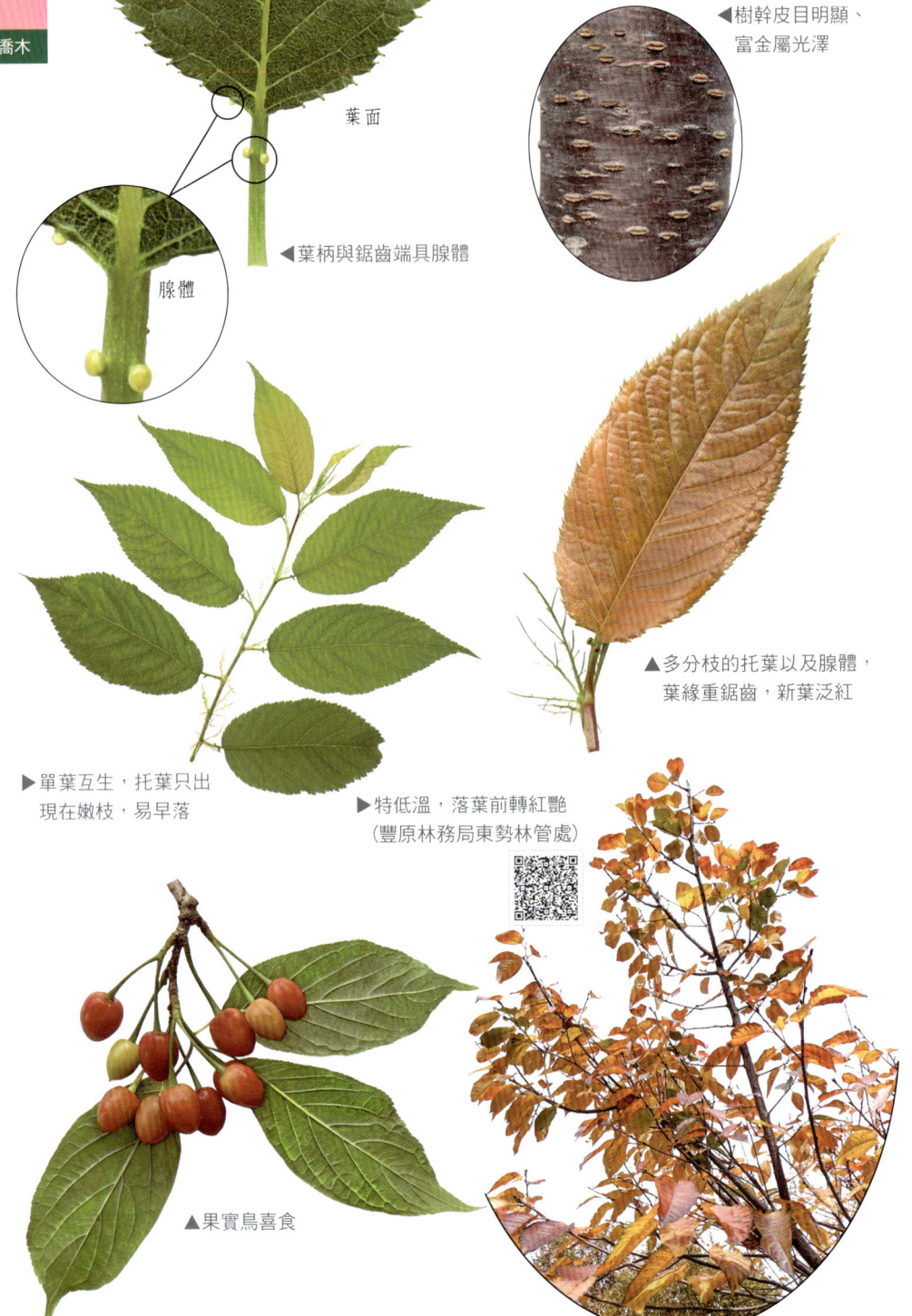

葉面

◀ 樹幹皮目明顯、富金屬光澤

腺體

◀ 葉柄與鋸齒端具腺體

▲ 多分枝的托葉以及腺體，葉緣重鋸齒，新葉泛紅

▶ 單葉互生，托葉只出現在嫩枝，易早落

▶ 特低溫，落葉前轉紅艷（豐原林務局東勢林管處）

▲ 果實鳥喜食

017

櫻花

喬木

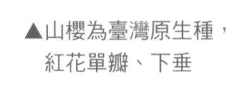

▼3月落葉時花朵盛開

▲山櫻為臺灣原生種，紅花單瓣、下垂

◀臺中市藝術街

▼臺中新社

▶墨染櫻的枝幹色較深黑，花白至粉紅色（拉拉山恩愛農場）

櫻花

喬木

▼河津櫻(阿里山)

▲白色霧社櫻(杉林溪)

粉紅佳人

杉林溪

武陵農場

▼花色粉紅

八重櫻──重瓣花

陽明山中國麗緻大飯店

▲新社

櫻花

喬木

019

豆科 喬木

合歡

- 學名 *Albizia julibrissin*
- 英名 Pink silk tree
- 別名 絨花樹、夜合樹、闊莢合歡、大合歡
- 原產地 熱帶亞洲南部、澳洲、中國、日本

▼小葉長約 1 公分、寬約 0.3 公分，無柄

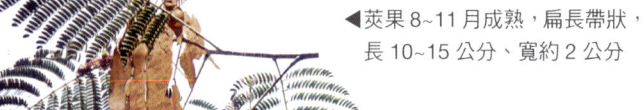

◀莢果 8~11 月成熟，扁長帶狀，長 10~15 公分、寬約 2 公分

▼頭狀花序，雄蕊多數，基部合生，花絲細長、直挺而出，花絲下部白、端紅色

▲小葉鐮刀狀、長歪橢圓形，葉基歪斜，葉軸與中肋被毛茸

▼每花序約 20 朵小花，小花無梗，花序具長軸

▼落葉小喬木，5 月中旬~8 月開花

▲2 回偶數羽狀複葉、互生，小葉與小羽片均對生，羽片 10~20 對，小葉 10~30 對；複葉長 50 公分，羽片長 15 公分

021

瓔珞木

豆科 / 喬木

- 學名 *Amherstia nobilis*
- 英名 The pride of burma
- 原產地 緬甸

◀紅色苞片長達 5 公分，4 萼片較小、翻卷，紅花瓣具黃色斑塊

◀花序長串下垂，長可達 40 公分

紅色苞片

▶一回偶數羽狀複葉，長可達 50 公分，複葉有 6~8 對小葉，小葉長 15~30 公分、寬 2~5 公分；小葉對生，葉背蒼綠

▲嫩葉泛紅懸垂

▼複葉懸垂

▼小至中常綠喬木，懸垂的紅艷長花序，總花梗相當長，甚至垂及地面

豆科

喬木

艷紫荊

- 學名 *Bauhinia* X *blakeana*
- 英名 Hong Kong orchid tree
- 別名 香港櫻花
- 自然雜交種

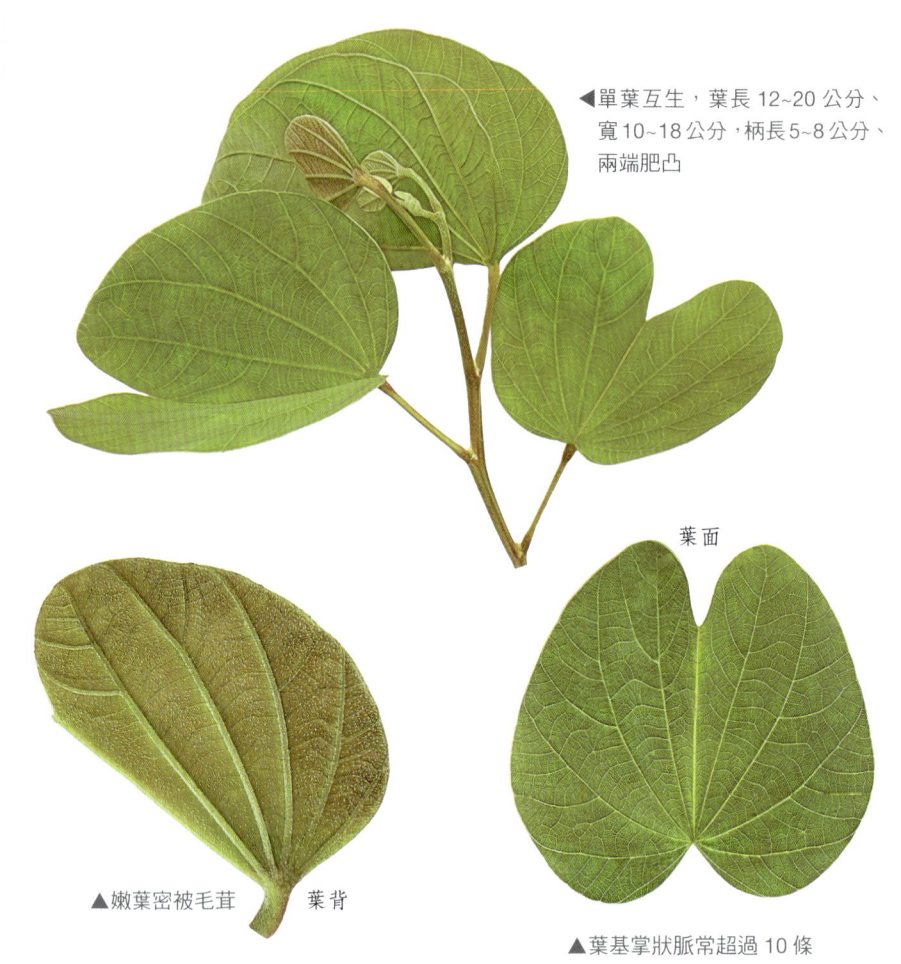

◀單葉互生，葉長 12~20 公分、寬 10~18 公分，柄長 5~8 公分、兩端肥凸

葉面

▲嫩葉密被毛茸　葉背

▲葉基掌狀脈常超過 10 條

▼小喬木，落葉期短，每年多次開花（臺中市西屯路家樂福）

彰化溪州公園

023

艷紫荊

喬木

◀ 嫩花苞與花枝被毛

▶ 玫瑰紅紫花，瓣倒長卵形，瓣基多條白長脈紋，中央1花瓣有深暗紅色斑塊與條紋

◀ 花徑約10公分，5雄蕊、3長2短

▼ 花四季常開，僅冬季稍少，花朵碩大、色艷紫紅，花香(彰化溪州公園)

豆科 / 喬木

洋紫荊

- 學名 *Bauhinia purpurea*
- 英名 Butterfly tree, Purple bauhinia, Purple camel's foot
- 別名 紫羊蹄甲
- 原產地 香港、印度、緬甸、斯里蘭卡與馬來西亞

▼葉端凹入，裂至全葉長1半

▶葉長7~10公分、寬6~8公分、柄長約4公分

葉面

葉背

▲葉背之放射狀9出脈凸出

11~12月開花（臺南山上花園水道博物館）

半落葉小喬木（臺中新市政中心）

◀ 花後常見結果，莢果帶狀，長13~25公分、寬2~3公分

▶ 長而扁平之木質莢果，成熟自動開裂，扁圓形種子數超過10，徑約1.4公分，褐色

025

洋紫荊

喬木

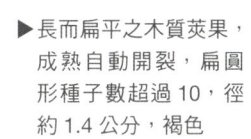

◀ 花瓣倒闊披針形，完全雄蕊3~4，長且彎曲，花冠徑約8公分，花2側對稱，上花瓣中央具深紅色斑紋

▼ 花謝前，粉花色轉粉白（小琉球）

豆科 喬木

羊蹄甲

- 學名 *Bauhinia variegata*
- 原產地 南亞至東南亞

◀ 單葉互生，葉長5~8公分、寬8~12公分、柄長2~3公分

◀ 嫩枝與葉背滿佈毛茸

葉面

▲ 葉端內裂約葉長的3分之1，葉基有掌狀11~13出脈

▲ 莢果長15~25公分，寬約2公分

▼ 中央上方花瓣，具深紫紅斑塊與放射條紋，花冠徑7~8公分

▶ 花朵初開至謝會變色，群花多彩化，淡粉、桃紅、紅粉至紫粉色（東海大學）

▶ 落葉小喬木，落葉後之3~4月開花，花後才萌發新葉（東海大學）

▲ 花瓣倒卵匙形，瓣基漸狹，有藥雄蕊5~6，1雌蕊

▼ 高速公路北上近臺中交流道

027

- 學名 *Brownea grandiceps*
- 英名 Rose of Venezuela
- 原產地 南美

大寶冠木

豆科

喬木

▼嫩枝葉芽被大苞片包裹閉合，淺紅褐色、下垂

▲待苞葉脫落，枝葉才開展

◀嫩枝、羽葉中軸與小葉柄密佈淺褐色毛茸

▶下垂之圓球狀花序，有小花近 50 朵、頂生（南元花園休閒農場）

▲1 回偶數羽狀複葉互生、小葉對生，複葉長達 30 公分，小葉長 5~9 公分、寬約 3 公分

▼全年開花、常綠小至中喬木（科博館）

◀小花長約 10 公分，花梗不及 1 公分，具紅色副萼

▶每朵花有 9~12 雄蕊，基部相連，花絲長約 4 公分

028

豆科 喬木

花旗木

- **學名** *Cassia barkeriana*
- **別名** 泰國櫻花
- **原產地** 泰國、越南、緬甸、印度

▼ 1回偶數羽狀複葉、長20~30公分、互生，5~12對小葉、對生

▶ 枝條與葉枕密被毛茸

葉枕

▶ 嫩枝葉密被毛茸

◀ 小葉長6~10公分、寬約2公分，透光葉脈

▼ 暨南大學（吳昭祥拍攝）

▼ 盛花時完全無葉片（吳昭祥拍攝）

▼ 4月盛花期，無葉、全是花（田尾）

▲ 長枝密集環生一圈花序，整齊有序（臺中市朝馬路）

029

花旗木

喬木

▶花序長 6~10 公分，花初開淡粉、粉白，後轉粉紅

▼花萼 5 裂、暗紅

▲1 雌蕊、暗紅色，較雄蕊細長、彎鉤狀。雄蕊黃色，3 較長花絲、彎曲、中段如氣球膨大

▼種子徑 1~1.5 公分（吳昭祥拍攝）

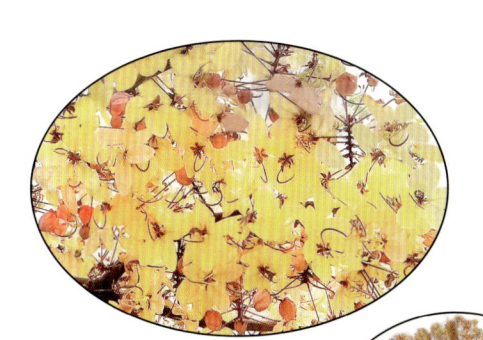

◀莢果密被毛茸

▲粉橙花旗木（張元聰拍攝）

白花花旗木（東山休息站）

▶金黃花旗木（彰化二水）

豆科 喬木

紅花鐵刀木

- 學名 *Cassia grandis*
- 別名 大果鐵刀木
- 原產地 熱帶美洲

▼1回偶數羽狀複葉互生，8~20對小葉、對生

◀嫩枝葉泛紅、佈毛

◀小葉長3~5公分、寬1~2公分，端有尖突，葉軸與小葉背佈毛

▼半落葉中喬木（草屯臺灣工藝文化園區）

▼臺中大智公園有多株

031 紅花鐵刀木 喬木

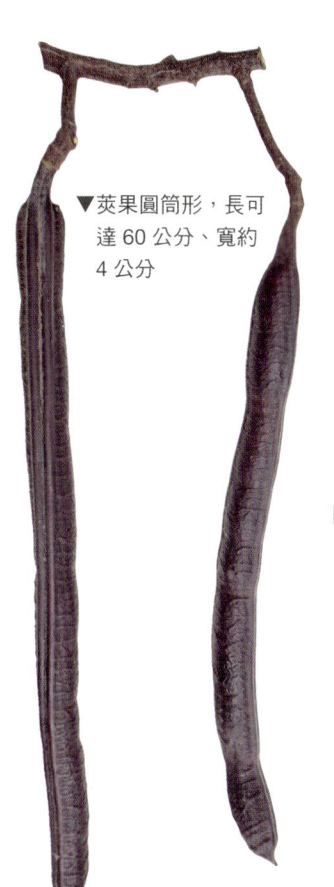

▼莢果圓筒形，長可達 60 公分、寬約 4 公分

▲成熟果實內各隔室具瀝青狀之黑色黏質物，味如發酵過之醬膏，可抑制種子發芽

▶花謝轉橘色、上位花瓣有一黃色斑塊，彎鉤狀雌蕊、花藥與花梗密佈白毛茸

▶5 花瓣，瓣長 3 公分，10 雄蕊，3 花絲彎曲，5 花萼佈毛、暗紅色反捲

◀腋生總狀花序長 10~25 公分，花初開紅色、後轉淡紅

豆科 喬木

爪哇旃那

- 學名 *Cassia javanica*
- 英名 Apple-blossom shower
- 別名 爪哇決明
- 原產地 馬來西亞、爪哇、菲律賓

▶ 1回偶數羽狀葉互生、小葉對生，羽葉長 20~30 公分，小葉 5~15 對

葉背

▲小葉長 2~5 公分、寬 1~2.5 公分

▼ 5~7 月開花、枝葉下垂狀（臺中中科路）

▼ 半落葉小至中喬木(南藝大)

◀ 嫩枝葉紅色佈毛，羽葉基部有 1 對半圓形、耳狀托葉，易早落

▼ 1 大枝的羽葉常位於同一平面

033

爪哇旃那

喬木

▲莢果長 30~60 公分、寬 1.5~2 公分

▶熟果的每 1 隔室有 1 粒橘褐色種子

花由開至謝會變色，白、粉、紅
（臺中潮洋環保公園）

◀果熟不開裂、黑褐色、一圈圈種子的環痕明顯

▼總狀花序有十數朵花，花序長 5~15 公分，粉花有紅色羽脈狀線紋，花萼暗紅色

▶花徑約 5 公分，中央 1 綠色彎鉤狀雌蕊，10 雄蕊彎曲，3 較長花絲之中段膨大，花絲黃色、花藥褐色

彩虹旃那

- 學名 *Cassia javanica* × *Cassia fistula*
- 英名 Rainbow shower tree
- 園藝栽培種

▶ 嫩葉銀灰綠、佈毛，一回偶數羽狀複葉，互生

▶ 落地花朵

▶ 上方接穗為爪哇旃那，嫁接於阿勃勒，下方砧木的生長較慢、明顯細縮

◀ 羽葉長30~50公分，總柄長2~10公分，對生小葉5~8對，小葉長6~10公分、寬3~5公分、柄長0.3公分，葉背色稍淺

▶ 總狀花序長30公分，每片花瓣之色彩不完全相同，淺黃、泛不規則粉紅至紅色斑塊

6~8月開花，花徑6~8公分，花色豐富，黃、粉、紅（中正大學）

▶ 半落葉小至中喬木（中正大學）

豆科　喬木

035

鳳凰木

豆科 / 喬木

- 學名 *Delonix regia*
- 英名 Flame tree, Flame of the forest
- 別名 火燄樹、火樹、森之炎
- 原產地 馬達加斯加

▼種子

▶莢果似長刀劍，長 40~60 公分、寬 4~5 公分

▶5~7 月開花（臺中都會公園）

▶落葉大喬木，大傘形樹冠（東海大學）

◀會形成碩大板根

036

鳳凰木

喬木

▶ 小羽葉軸基部較粗肥、色深綠，全葉無毛茸

▲羽片與小葉均對生，羽葉長 60~90 公分

▶ 2 回偶數羽狀複葉互生，總狀花序頂生或腋出

▲小葉對生，長 0.5~0.8 公分、寬約 0.2 公分、柄極短

▲ 5 花萼，面紅、背綠色、10 雄蕊

▶ 花冠徑 7~10 公分，花色橘紅至鮮紅，1 花瓣稍大形，有黃白色斑

- 學名 *Erythrina caffra*
- 英名 Kaffirbloom coral tree
- 別名 象牙紅
- 原產地 南非

火炬刺桐

豆科

喬木

▼ 3出複葉，葉闊卵菱形，小葉長8~15公分、寬 6~18 公分、柄長約 0.5 公分，基部有腺體一對

▲花冠徑約 0.5 公分，紅花凋落前變紫紅色，蝶形花冠之旗瓣呈細長彎管狀；小花環繞花軸一圈呈螺旋狀排列

▶ 3~5 月開花，花葉同時出現，總狀或圓錐花序頂生，花序似火炬，故名之

▼樹幹、枝條等多處有刺

▶落葉小喬木

豆科 / 喬木

珊瑚刺桐

- 學名　*Erythrina corallodendron*
- 英名　Coral bean tree, Coral tree
- 別名　龍牙花
- 原產地　熱帶美洲

▶ 枝有刺

▶ 花序長約 50 公分，小花彼此間較分離

▲ 頂生總狀花序，小花 3 朵著生一處

▶ 雄蕊 10 枚，9 枚成束，另 1 枚離生，為 2 體雄蕊，成束之雄蕊突出花瓣外

雄蕊

▶ 3 出複葉，小葉卵菱形，長 6~11 公分、寬 3~7 公分、柄長 0.5 公分

▼ 落葉小喬木

▼ 花期 4~10 月

039

- 學名 *Erythrina crista-galli*
- 英名 Cockspur coral tree, Cry-baby tree
- 原產地 巴西

雞冠刺桐

豆科

喬木

▼墾丁福華飯店

◀葉背

▲總柄有刺，2 小葉著生處有 2 腺體

腺體

▲葉背細部

落葉小喬木
（臺中新都生態公園）

▼葉長橢圓形，長 7~12 公分、寬 3~5 公分，小葉柄長 0.5 公分，較葉軸略粗、基部有一對腺體

2 腺體

雞冠刺桐

喬木

◀ 總狀花序頂生或腋生，長 30~45 公分，花軸端之小花最後綻放，花序枝有互生的一回 3 出複葉

▶ 熱帶幾乎全年開花

▲ 莢果長 10~20 公分，念珠狀

◀ 花橙紅色，5 瓣，旗瓣與龍骨瓣等長，寬 3 公分、長 5 公分，除旗瓣外，其餘花瓣幾乎形成一束

▼ 蝶形花冠之旗瓣倒闊卵形、匙狀，大形平展，狀如雞冠，故名之，雄蕊之花藥黃色

▼ 花期 4~9 月，5 月盛花

041

- 學名 *Erythrina indica* var. *picta*
- 英名 Variegated erythrina
- 原產地 熱帶亞洲

黃脈刺桐

豆科

喬木

◀ 感染刺桐釉小蜂

▲ 一回 3 出複葉，葉闊卵菱形，小葉柄粗肥、黃斑色，柄基一對綠色腺體；葉長 10~12 公分、柄長 0.5 公分

▶ 蝶形花冠，5 瓣，花紅橙色

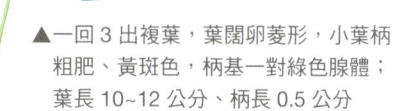

◀ 葉面綠，中肋及羽狀側脈黃色

▼ 落葉小喬木，不開花時，斑葉亦具觀賞性(宜蘭國小)

▶ 花期 4~5 月，總狀花序，小花密集著生

042

豆科 | 喬木

刺桐

- 學名 *Erythrina variegata*
- 臺灣原生種

◀ 樹幹有刺

▶ 感染刺桐釉小蜂

◀ 花序頂生，小花密集，旗瓣特別大

▶ 刺桐釉小蜂為害，多年無花，2018年開花了（臺中夏綠地公園）

▲ 花期3~4月，幾乎無葉片，花後長葉

落葉中喬木，2~3月落葉後，隨即開花（金門國家公園，蔡明松拍攝）

043

刺桐

喬木

◀小葉柄長 0.5 公分、肥大

▲ 3 出複葉，葉闊卵菱形、徑 10~18 公分

▼複葉之頂小葉柄基部、羽軸 2 小葉對生處，均有 1 對凸起腺體

▲葉背之葉基有 3 出脈

腺體

▼莢果長條念珠狀，長 20~30 公分，10~11 月成熟

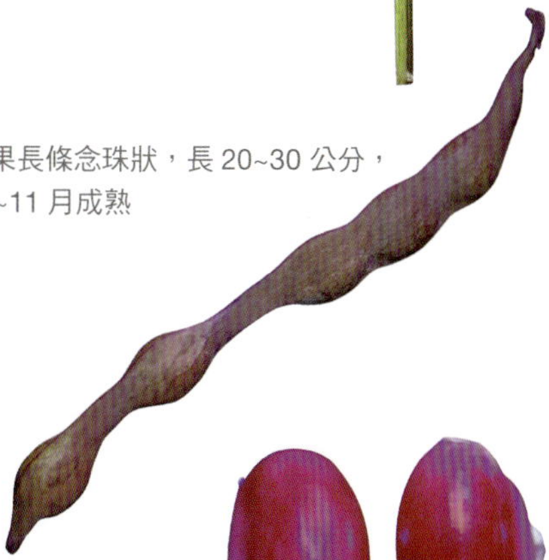

▶種子圓形，深紅色，長約 1.5 公分

南洋櫻

豆科 / 喬木

- 學名 *Gliricidia sepium*
- 英名 Madre de cacas
- 原產地 熱帶美洲

▶ 葉背可見羽狀側脈 4~5 對

▶ 羽葉中軸與較粗肥的小葉柄均被褐色毛

▲ 葉面佈毛，小葉長 2~7 公分、寬 1~3 公分、柄長 0.2~0.3 公分，略粗肥

▼ 烏山頭水庫香榭大道，3~4 月中旬盛花（黃毅斌拍攝）

▶ 嫩葉色淺、被褐色毛茸

常綠小喬木（南藝大）

▲ 複葉長 30 公分、6~8 對小葉

045

南洋櫻

喬木

▲果熟褐色（南元花園休閒農場）

▼南部開花較旺（黃毅斌拍攝）

▶蝶形花冠、徑2~3公分，花淺粉紅，旗瓣中部以下有淡黃色斑

▶總狀花序長6~12公分、腋生

▶綠莢果長8~18公分、寬1.5~2公分

▲一回奇數羽狀複葉，大葉互生、小葉對生

雨豆樹

- 學名 *Samanea saman*
- 英名 Rain tree
- 原產地 熱帶美洲與西印度群島

豆科 / 喬木

▶ 花序徑 5~6 公分，總梗長 10~13 公分

停車場的遮蔭大樹（臺中水堀頭公園）

▼ 5~8 月開花

▶ 球形頭狀花序、細長花絲，長 3 公分，上部色紅、下方粉白，花絲基部合生

▶ 落葉大喬木，大傘形樹冠，枝葉茂密，遮蔭優（德陽艦園區）

047

雨豆樹

喬木

▼ 2回偶數羽狀複葉，羽片與小葉由大到小、循序漸變

▶ 小葉平行四邊形，葉基歪斜

▶ 小葉形多變化

▲ 葉軸、小葉緣與柄密被毛茸

▼ 莢果，面光滑，長15~20公分、寬約2公分

種子

澳洲鴨腳木

五加科 喬木

- 學名 *Brassaia actinophylla*
- 英名 Australian umbrella tree
- 別名 傘樹、章魚樹
- 原產地 澳洲

▼新葉色較翠綠，小葉長 10~25 公分、寬 4~10 公分，全緣、幼株偶見鋸齒，葉柄紅褐色

▼掌狀複葉，小葉 7~16，小葉柄如傘骨，又名傘樹

▼雖耐陰，種植於戶外全日照才會開花，十數條長枝狀深紅色花序、放射狀直出，挺立枝梢（臺中都會公園）

▼準備開花、雄蕊伸直前，先擠脫罩蓋

雄花

▲紅色，繖形花序叢生

▶每個圓球形的繖形花序，整齊排列成總狀花序，長度超過 30 公分

▼常綠小喬木，夏末至秋季開花（曾文水庫）

▶斑葉品種

049

胭脂樹

胭脂樹科 喬木

- 學名 *Bixa orellana*
- 英名 Lipstick tree
- 別名 臙脂樹、紅木
- 原產地 熱帶美洲、南美

▼小喬木(苗栗卓也小屋)

▶葉長 10~18 公分、寬 5~11 公分、柄長 5~8 公分，葉柄兩端肥大、色紅，葉基 5 出脈、泛紅

▶單葉互生，嫩枝葉佈毛茸，枝節處 2 粒突高腺體

腺體

▼大灌木，紅艷果實的觀賞期長

▲葉背之 5 出脈高凸

050

胭脂樹

喬木

▲圓錐花序頂生，花序長6~12公分，花徑約2~3公分

▲花瓣5、粉紅色，雄蕊數多

▶果熟2瓣裂，種子多數，徑約0.5公分，外被紅褐色肉質種皮，為胭脂材料

▼蒴果密被肉質軟刺，長3~5公分，果熟轉紅色

▶紅果持續時間較久，觀果性高

051

山龍眼科

喬木

- 學名 *Grevillea* 'Robyn Gordon'
- 英名 Red silky oak
- 別名 昆士蘭銀樺
- 園藝栽培種

紅花銀樺

▼羽狀 3~11 深裂葉，裂片闊線形，長 5~8 公分、寬約 0.3 公分，葉長 10~20 公分

◀花萼外被毛茸，萼筒窄狹，長 1.2~1.5 公分，捲曲狀

◀蓇葖果歪卵形，長約 2.5 公分，端有長尖尾，果熟開裂

◀總狀花序頂生，直立，長 5~10 公分，小花密生

◀白花銀樺 *Grevillea banksii* 'alba', White flower grevillea（曾昭淞拍）

▼常綠小喬木

◀株高可達 3 公尺，可能全年開花（曾昭淞拍）

昂天蓮

梧桐科 / 喬木

- 學名 *Abroma augusta*
- 英名 Devil's cotton
- 原產地 印度、爪哇、菲律賓、中國

▼花單立腋生、下垂，紫紅色花，徑 2~3 公分

▲單葉互生，葉心形，亦有掌狀裂葉，葉徑 15~20 公分

▼花萼深 5 裂，裂片披針形

▼果徑 2~3 公分，有 5 角稜，花萼殘存基部

▼蒴果直立朝天，故名昂天蓮

▲種子水滴形，徑約 0.3 公分，黑色

- 學名 *Brachychiton acerifolius*
- 英名 Flame tree
- 別名 槭葉酒瓶樹
- 原產地 澳洲

槭葉蘋婆

梧桐科

喬木

▼英名 Flame tree 指其開花時染紅半邊天
（楊梅，吳昭祥拍攝）

▲新嫩葉

▼常綠至半落葉喬木
（臺中樹義園道）

▲單葉互生，葉形多變，披針、掌狀 3~7 裂，葉長 10~30 公分、寬 5~25 公分

▼幹綠色

▲不具花瓣，壺形花萼色紅、5 裂，徑約 1 公分

▲圓錐花序

▼熟果黑褐色，木質化，種子長 1 公分，排成 2 列

▲蓇葖果，長約 10 公分，表面光滑，果梗長，尾尖嘴狀

▼晚春至夏季開花，開花前可能落葉（高雄市楠梓國小）

055

星花酒瓶樹

梧桐科 喬木

- 學名 *Brachychiton discolor*
- 英名 Lacebark tree
- 原產地 澳洲

▼ 3~5 掌狀裂葉，葉徑約 30 公分

▲ 葉背色較淺，葉基 5 出脈

▼ 春夏之際開花

▶ 單葉互生或叢生枝端，嫩葉紅褐色，綠枝與嫩芽佈毛

托葉

▲ 嫩葉背佈銀灰綠短柔毛

◀ 常綠至半落葉中喬木（臺中樹義園道）

056
星花酒瓶樹
喬木

▲花被5裂，此為兩性花，花徑約3~4公分，花謝轉粉白、喉部暗紅色

▲花鐘形、腋出，初開粉紅，花全體密被毛茸

▲雌花

▼果長10~20公分，成熟自動開裂，種子長約1公分

種子

▲雄花

▲嫩果佈毛

- 學名 *Sterculia foetida*
- 英名 Skunk tree
- 別名 裂葉蘋婆
- 原產地 熱帶亞洲、非洲及澳洲

掌葉蘋婆

梧桐科

喬木

◀掌狀複葉枝梢叢生，複葉有 7~9 小葉，全緣，新嫩葉淺紅褐色

▼落葉中~大喬木（臺中市東大路）

▲小葉長 10~15 公分、寬約 4 公分、柄極短、或無

葉背

▶ 4~5 月花朵綻放，散發惡臭

058

掌葉蘋婆

喬木

▼圓錐花序近枝端腋生，雌雄同株異花，雌花較雄花早些綻放

▼雄花色較淺，雌花色深紅，或兩性花，花徑約 1 公分

雌花

雄花

▲嫩葉佈毛

▼木質蓇葖果紅色，徑約 10 公分，成熟開裂、露出黑色橢圓形種子、徑約 1 公分

▲新的花苞出現，前一年的果實仍在，果實留存時間頗長，曾發生落果砸人車

059

美人樹

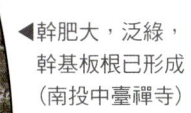

木棉科 / 喬木

- 學名 *Ceiba speciosa*
- 英名 Silk floss tree
- 原產地 南美

◀ 幹肥大，泛綠，幹基板根已形成（南投中臺禪寺）

▶ 掌狀複葉互生、叢生枝梢，新葉色紅

▼ 掌狀複葉有小葉 5~7，小葉長 10~15 公分、寬 3~6 公分、柄不及 1 公分，葉緣鋸齒

▼ 白花美人樹（臺中健康公園，邱聰智拍）

◀ 幹徑越小、幹面越綠

▼ 落葉中喬木（雲林虎尾美人樹大道，吳昭祥拍攝）

◀ 幹綠色，有硬刺，種植前須除刺

060

美人樹

喬木

▼玫瑰紅花5瓣，花心黃白色，散佈深色細條斑，花徑10~15公分

▼花心偶較偏黃色（李筱瑩拍攝）

▲果熟自動開裂，黑色種子數多、具棉毛

▼總狀花序

▼蒴果橢圓形，長15~22公分、徑約6公分，枝條有硬尖刺

▼花期末，綠葉長出

▼9~11月開花，盛花時，全株可能無葉全是花（吳昭祥拍攝）

061

- 學名 *Pseudobombax ellipticum*
- 別名 修面刷樹
- 原產地 中南美

粉紅木棉

木棉科

喬木

▶掌狀複葉互生，小葉 3~5，總柄與枝相連處肥大

▶小葉柄長不及 1 公分，相連至總柄處肥大；小葉長 10~20 公分、寬 5~10 公分

葉背

▲樹幹綠色

◀透光葉脈

▲新嫩葉紅色、葉背淺綠褐色，叢生枝端

▼枝梢節處具明顯尖錐形托葉1對，長約1公分，易早落，新嫩葉紅

▶落葉小～中喬木，春季滿樹紅嫩新葉（科博館）

托葉

粉紅木棉

喬木

▲花瓣肥厚、彎曲下垂，花晚間綻放，持續至次日傍晚凋謝

▶落葉之 4 月開花，先花後葉

▶幹基肥大似球，樹皮龜裂花紋似足球，又名足球樹（吳昭祥拍攝）

▲英名 Shaving brush tree，指其花朵有上百根細長雄蕊，似刮鬍的修面刷子，雄蕊長可達 15 公分

白花修面刷樹 *Pseudobombax ellipticum* 'alba'

▶幹綠色

◀白花（南佛羅里達大學植物園）

063

錦葵科 喬木

- 學名 *Hibiscus mutabilis*
- 原產地 中國

木芙蓉

▼單瓣、徑8~12公分，中央的單體雄蕊筒、長約3公分，雌蕊柱頭伸出筒外，花隨綻放變色

▼花萼長近2公分，端5裂，裂片三角形；8線形副萼（總苞），花色多變，白、粉紅至紅色

▼單葉互生、於枝端叢生，掌狀裂葉，裂端漸尖，嫩枝葉色淡綠

托葉

▲嫩枝葉密佈毛茸，托葉卵披針形，長約1公分，易早落，掌脈於葉背突起

▼落葉小喬木，類似山芙蓉，但葉片有明顯差異，葉掌裂較深、裂片端較銳尖

▶葉掌狀5~7中裂、幅10~15公分，葉基7~9出脈，緣疏粗鋸齒

重瓣木芙蓉

- 學名 *Hibiscus mutabilis* f. plenus
- 英名 Confederate rose
- 原產地 中國、印度

錦葵科 喬木

▶ 單葉互生，葉面徑 12~20 公分，掌狀 5~7 中裂葉，裂片三角形，葉緣不規則粗鋸齒，掌狀脈 5~7 出

▼ 葉背密被星狀毛

▲ 葉柄密佈星狀毛茸

▼ 落葉大灌木至小喬木（高雄熱帶植物園）

065 重瓣木芙蓉 喬木

▲ 葉面　　▲ 葉背

▼ 單葉互生，嫩枝葉與花均全面被毛茸

▲ 花單立，2層花萼，重瓣，花冠徑 12~15 公分。花謝轉紅捲縮

◀ 清晨花初綻放為白色

▶ 近中午花色轉粉

▼ 傍晚花色轉紅粉

▼ 花謝轉紅

▲ 花色自綻放至謝逐漸變色

山芙蓉

- 學名 *Hibiscus taiwanensis*
- 英名 Taiwan cotton-rose
- 別名 狗頭芙蓉、千面美人、三醉芙蓉
- 臺灣原生種

▼ 葉徑 6~10 公分

▶ 葉掌狀 3~5 淺裂

葉面

▶ 葉面透光葉脈

▶ 葉背毛茸多、但易脫落，掌狀脈 5~7

▼ 單葉互生，花與果同時出現，全株密被毛茸

▼ 落葉小喬木

錦葵科 / 喬木

067

山芙蓉

喬木

▲清晨花初綻放、雪白,捲縮暗紅花為昨日綻放者

▲清晨、花色雪白

▲午後、花色轉粉

▲傍晚花謝前、轉紅粉

▲秋季開花,冠徑8~10公分,雌蕊伸出單體雄蕊筒頗多

▲花於枝端單立腋生,花梗頗長、超過10公分,花萼2層,最外側為副萼(小苞片)8,線形長約1公分

▼白花瓣基部有紅斑為其特徵

▲蒴果球形,徑2~3.5公分

▲冬季結果,翌春乾熟自動開裂,種子有毛

錦葵科 喬木

百齡花

- 學名 *Dombeya wallichii*
- 英名 Pink ball tree
- 別名 百鈴花
- 原產地 東馬達加斯加

▲單葉互生

心形葉，徑 15~25 公分，全株多處被毛

▼嫩枝葉密背毛茸

常綠小喬木，花期 12 月至翌年 3 月（田尾合利園藝）

▶聚繖狀圓錐花序腋生，下垂狀

▲花萼佈毛

◀花序徑 12~15 公分，數十朵花密聚成團，粉紅色小花徑 2.5~3 公分

▶嫩葉背密被毛茸

- 學名 *Clusia rosea*
- 英名 Autograph tree
- 原產地 熱帶美洲

書帶木

藤黃科

喬木

▼單葉十字對生，葉背色淺，葉厚革質，長倒卵形，長 10~12 公分、寬約 7 公分，柄長約 1 公分，柄基擴大環貼枝條

▲氣生根落地成支柱，幹基亦有氣生根

▶切口泌出鮮黃色樹汁，為黃色染料

▶葉基心形、中肋 2 側耳垂狀，柄基凹入貼生枝條

▼自樹冠下垂的氣生根、棕紅色

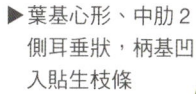

▼常綠小喬木（臺中市葫蘆墩公園）

▶花中心的子房球形，徑 0.3~0.4 公分

▲花白粉色，6~8 花瓣，花徑 7~10 公分，花萼紅

▼蒴果長橢圓形，長 3~4 公分、徑約 3 公分

▶果熟自動開裂 6~8 瓣

▲綠果泛紅，花萼宿存

▼果實耐久藏

▲黃斑葉品種

071 桃金孃科 喬木

- 學名 *Callistemon viminalis*
- 英名 Weeping bottle brush
- 原產地 澳洲

串錢柳

▼果群成串密貼枝條，前一年枝梢開花結果後，會持續長出新枝葉

◀果徑 0.5~0.8 公分，熟果頂端裂開、散出種子

▶單葉互生至叢生，線披針形葉，長 10 公分、寬不及 1 公分、柄長約 0.2 公分，僅新嫩枝葉被毛

腺點

▶葉滿佈細小黃色腺點，揉碎會散發香味

◀花冠徑 1~2 公分，5 單瓣，紅色花絲數多

▶圓柱狀之穗狀花序頂生，長 15 公分

▼常綠小喬木，春夏開花（東海大學）

▼盛花時，紅垂花序滿樹（田尾菁芳園）

072
桃金孃科
喬木

密花串錢柳

- 學名 *Callistemon viminalis* 'Little John'
- 原產地 澳洲

◀賞花與葉

▶夏秋開花，艷紅花密簇

◀常綠，植株較低矮，株高約 1 公尺

◀紅花銀白葉

▼枝葉茂密，葉色淺藍灰白

銀葉鐵心木

- 學名 *Metrosideros collina* 'Spring Fire'
- 園藝栽培種

▼葉闊卵形，銀灰綠色，新嫩葉密被銀白毛茸

▲常綠小喬木，春夏間開花

073

- 學名 *Metrosideros umbellate*
- 英名 Southern rata
- 別名 南方鐵心木
- 原產地 紐西蘭

傘花鐵心木

桃金孃科

喬木

▶葉面暗綠、背色淺綠

◀葉長 3~6 公分，近葉緣有吻合脈

▲枝端葉色豐富多彩

花期 12 月至次年 2 月
（臺中遊園北路精銳閎社區）

074 傘花鐵心木 喬木

▼花序的小花密集成圓球狀，徑約 5~10 公分

▲紅花，雄蕊數多，花絲長約 2 公分，中央 1 雌蕊較長些

▲紅色花絲捲縮於內，隨綻放漸伸直

▲ 5 花瓣，整朵花均為紅色

075

棋盤腳樹

玉蕊科 / 喬木

- 學名 *Barringtonia asiatica*
- 英名 Sea poison tree
- 別名 墾丁肉粽
- 臺灣原生種

▲ 單葉，互生至叢生枝端

▼ 新葉紅

▼ 常綠喬木(小琉球遊客中心)

▼ 大鵬灣

▶ 葉長 50~60 公分、寬 10~20 公分、柄短小

▼ 屏東復興公園

076

棋盤腳樹

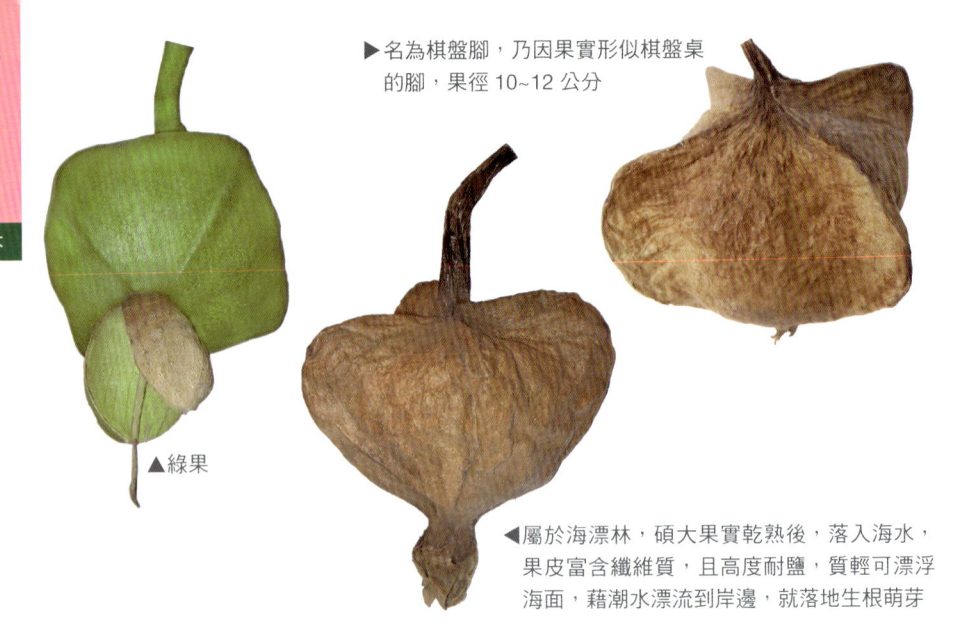

喬木

▶ 名為棋盤腳，乃因果實形似棋盤桌的腳，果徑 10~12 公分

▲綠果

◀ 屬於海漂林，碩大果實乾熟後，落入海水，果皮富含纖維質，且高度耐鹽，質輕可漂浮海面，藉潮水漂流到岸邊，就落地生根萌芽

◀ 短總狀花序，球形花蕾，4~6 花瓣，白色、長 6 公分

▶ 花朵朝上綻放，花徑超過 10 公分，雄蕊數多，花絲細長，端紅色，下部白色

- 學名 *Barringtonia racemosa*
- 英名 Small-leaved barringtonia
- 別名 穗花棋盤腳
- 臺灣原生種

水茄苳

玉蕊科

喬木

▼新嫩葉淺褐淡綠

▼花期 7~11 月，總狀花序下垂，夜晚綻放，太陽出來就凋落（臺中中科水崛頭公園）

▲單葉互生或叢生枝端，葉緣粗淺鋸齒，葉柄紅

▼葉長 20~30 公分、寬 8~10 公分、柄長 1~1.5 公分

▼常綠小～中喬木（臺中中科水崛頭公園）

▲新葉紅

水茄苳

喬木

▼花序長 50~90 公分

▶花絲純白較少見

▶白花 4 瓣，紅色雄蕊數多，花絲長約 3 公分，花冠徑 3~5 公分

▼果徑 2 公分、長約 4.5 公分

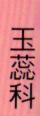

- 學名 *Couroupita guianensis*
- 英名 Cannonball tree
- 原產地 圭亞那

砲彈樹

玉蕊科

喬木

中～大喬木
（豐原慈濟公園）

▲單葉互生、叢生枝端，嫩枝葉翠綠泛紅

▼葉背色淺，中肋具毛茸

◀長橢圓形葉，長 10~25 公分、寬 4~5 公分

▼新嫩枝葉毛茸多，葉柄長 1~2 公分

▲幹面縱裂

砲彈樹

喬木

▲ 花徑 10~12 公分，6 花瓣肉質，內粉紅色，外黃色

▼ 花瓣與雄蕊掉落後，留下雌蕊，等待發育成果實

雌蕊

▲ 2 類型雄蕊，其一密集著生於上方、如甜甜圈的花盤上，淡黃白色、短小；甜甜圈中央的洞是雌蕊，花掉落後，雌蕊宿留。另一群粉紫紅，上端黃色，花絲較長

▶ 花果常同時出現

◀ 幹生花，總狀花序長可達 1 公尺

081 千屈菜科 喬木

- 學名 *Lagerstroemia floribunda*
- 英名 Thai crape myrtle
- 原產地 東南亞

稜萼紫薇

◀低溫落葉前,葉色轉黃,果實乾熟

▼頂生圓錐花序長達 50 公分

▲花徑 3 公分,花色隨綻放而變色,初開粉紫、花謝前轉白

◀花蕾外部被淺褐色毛茸

▲花萼具稜

◀樹幹散佈不規則之雲塊狀樹皮脫落痕

◀單葉對生,葉長 10~25 公分、寬 5~10 公分,全緣

▼8~10 月開花,花色豐富

▼半落葉中至大喬木（臺北植物園）

火筒樹

- 學名 *Leea guineensis*
- 英名 Manila leea
- 別名 番婆怨
- 臺灣原生種

火筒樹科 / 喬木

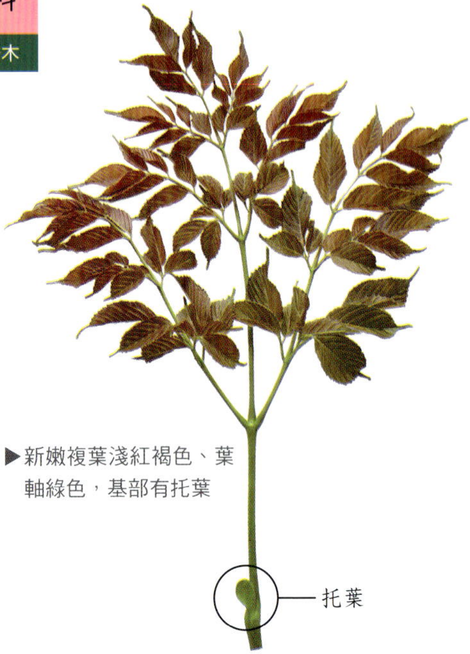

▶ 新嫩複葉淺紅褐色、葉軸綠色，基部有托葉

— 托葉

▲ 2~4 回羽狀複葉，徑達 1 公尺，大葉互生，小葉對生

▼ 小葉長 6~15 公分、寬 3~8 公分

▶ 新葉背的中肋與羽側脈腋處有毛叢

▼ 常綠小喬木或大灌木(大肚溪棒壘球場)

▼ 幹基易長支持根(科博館)

083 火筒樹 喬木

◀ 透光葉脈，葉緣鋸齒

▶ 枝條的葉痕大而明顯，皮孔密佈

▶ 複葉與枝條相接處，有托葉與葉鞘痕

托葉

葉鞘痕

◀ 花冠徑 0.3 公分，小花的花瓣外側粉紅，內側粉黃色，5 單瓣

小花

▲ 小花黃色，部分小花已轉果實

▲ 漿果球形，不及 1 公分

▼ 二歧分岔的繖房狀聚繖花序，整體都是紅色，花序徑可達 50 公分，花期春至夏季，整個大花序即使小花凋謝，仍具觀賞性，賞花期頗長

▼ 熟果暗紅色（臺中文修公園）

紫葳科 喬木

十字葉蒲瓜樹

- 學名 *Crescentia alata*
- 英名 Mexican calabash tree
- 原產地 墨西哥南部至中美洲

▼幹生之3出複葉，形似十字架，故名之；花淡紅褐色、深色條紋，瓣緣黃色

▼小葉長倒卵形

▶花夏天綻放，單立、幹生，長約6公分，近無柄，白天花半閉合狀

▶鐘形喇叭狀花，4雄蕊，瓣4裂、緣皺摺，夜間開花

▼由蝙蝠授粉，此花已凋謝

▶小喬木

085 紫葳科 喬木

- 學名 *Crescentia cujete*
- 英名 Calabash tree
- 別名 樹西瓜
- 原產地 熱帶美洲

蒲瓜樹

◀花徑約 5 公分，淡黃色、具紅褐色網紋

◀花多幹生，裂片 5 枚，白天開花，有蘋果香味，綠色花萼 2 深裂

▲花鐘型 5 裂、冠喉彎曲，子房具細長花柱，4 雄蕊、柱頭 2 歧

◀花柄長 1~2 公分，花已謝

▶ 2~5 單葉叢生，倒披針形葉，葉長 8~15 公分、寬 2~5 公分、柄長不及 1 公分

▼常綠喬木，4~8 月開花結果（彰化成美文化園）

◀果幹生，熟由綠轉黃褐色，徑 15~30 公分，重 5~8 公斤，葉幹生

▶綠色果實圓球形，熱帶地區全年開花結果

臘腸樹

紫葳科 / 喬木

- 學名 *Kigelia pinnata*
- 英名 Sausage tree
- 原產地 熱帶非洲及亞熱帶地區

▼ 小葉長 8~15 公分、寬 4~6 公分，全緣或不明顯細淺鋸齒

▶ 1 回奇數羽狀複葉，羽葉與小葉均對生，羽葉有小葉 7~9

▲ 花期 5~9 月，總狀或圓錐花序，長達 1.8 公尺，下垂狀。花謝，花瓣落地，但柱頭宿存，待形成果實

▶ 多夜晚綻放，陽光出現，花色轉暗紅，陸續落地

▶ 花苞朝上，花朵綻放時轉朝下，花深紅、漏斗狀，花徑 5~8 公分

▼ 常綠或半落葉中～大喬木，中南部果實常見（中正大學活動中心）

◀ 果實碩大形似臘腸而得名，果長 30~45 公分、徑 4~5 公分

- 學名 *Spathodea campanulata*
- 英名 African tulip tree
- 原產地 熱帶非洲及美洲

火焰木

紫葳科

喬木

▼黃褐色嫩葉、密被毛茸

▲1回奇數羽狀複葉，複葉與小葉均對生，複葉長30~60公分；小葉4~9對，小葉長5~10公分、寬3~5公分、柄長0.2~0.3公分

▶總狀或圓錐花序頂生，小花密集，中央為彎曲的花蕾群

▼常綠中喬木

▼花朵夜晚綻放，5~7月為盛花期，南部花期頗長

088

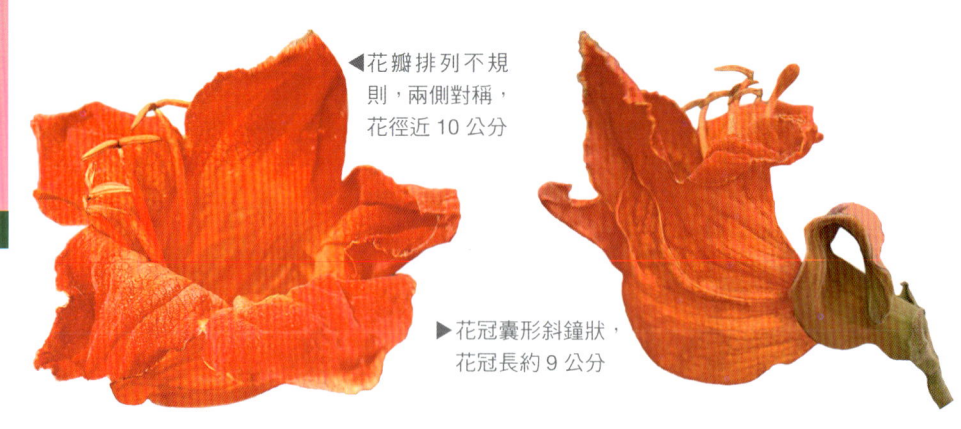

火焰木

喬木

◀ 花瓣排列不規則，兩側對稱，花徑近 10 公分

▶ 花冠囊形斜鐘狀，花冠長約 9 公分

▶ 英名為 Fountain tree 乃因花蕾內常貯存水份，當擠壓或刺破時，會噴水

花蕾

種子

▼ 腺窩

▼ 果熟沿邊開裂，種子散出，種子附銀色透明薄翼

▼ 蒴果長約 20 公分、寬約 4 公分

089 紫葳科 喬木

風鈴木

- 學名 *Tabebuia impetiginosa*
- 英名 Pink trumpet tree
- 原產地 墨西哥、巴西

▼掌狀複葉有5小葉，頂小葉較大、柄也較長，鋸齒緣

葉背　　葉面

▶嫩芽略具毛茸

▼落葉喬木，冬季落葉期盛花，花色鮮麗（臺中五權西路2段麥當勞）

▲掌狀複葉對生，新葉色淺紅褐

▶小葉長8~18公分、寬約4公分，柄長0.5~3公分

090

風鈴木

喬木

▼花冠漏斗狀、徑 3~4 公分，5 瓣裂

▼蒴果長 30 公分，成熟自動 2 裂

▼種子具薄翅

▼花期因不同品種而異，總狀或圓錐花序頂生，有些品種於葉片落光時盛花（田尾）

▼臺中市河南路二段

4 月開花，花色較粉

▼臺中市西屯路

- 學名　*Radermachera peninsularis*
- 英名　Dwarf tree jasmine
- 別名　半島山菜豆，昆明菜豆樹
- 原產地　泰國至馬來半島

粉鐘鈴

紫葳科

喬木

091

▼臺中臺灣大道麥當勞旁

◀花蕾粉紅色

▶雄蕊著生於花冠下部

▶葉背色較淺，複葉、羽片與小葉均對生

▼小喬木，花期春至秋季，熱帶地區終年常綠，冬季大寒流會落葉（大林火車站）

▲奇數 2~3 回羽狀複葉，長約 40 公分、寬約 20 公分；小葉長 3~7 公分、寬 1~4 公分

092

粉鐘鈴

喬木

▶花序與葉

▼花漏斗形,白粉紅色,花冠5裂,喉部有黃橙色斑紋

▼花徑約 5 公分,長 4 公分

種子

▶蒴果長條形,長 10~15 公分,種子有膜翅

▲花果期頗長,常同時出現

橙色花

膠蟲樹

豆科 喬木

- 學名 *Butea monosperma*
- 英名 Flame-of-the-forest
- 原產地 熱帶亞洲

▼長花序，花紅橙或橙黃色，花期 4 月（張元聰拍攝）

▼蝶形花冠，花冠徑 2.5 公分

▼繖房狀聚繖花序

▶一回奇數羽狀複葉，3 小葉，葉圓卵或歪卵圓形，葉端圓鈍，葉基歪楔形，小葉長 15~20 公分、寬 10~20 公分

▼落葉中喬木（中興大學）

▼小葉柄長 0.5~1 公分，葉背色較淺

小葉柄

小葉柄

葉軸

▲小葉柄較葉軸明顯粗短、佈毛，葉面綠色

- 學名　*Colvillea racemos*
- 英名　Colville's glory tree
- 英名　黃金葡萄樹
- 原產地　馬達加斯加

垂花楹

豆科

喬木

095

◀ 2回羽狀複葉、互生

▶ 複葉有羽片10~15對，小葉15～25對

◀ 嫩枝葉銀灰綠、佈細毛茸，此為與鳳凰木明顯差異之處

◀ 落葉喬木（桃園霄裡大池，吳昭祥拍攝）

▶ 小葉長橢圓形、對生，葉長1～2公分

096

垂花楹

喬木

▶成串花苞似葡萄，色金黃，又名黃金葡萄樹（吳昭祥拍攝）

◀莢果色淺褐

◀花左右對稱，5瓣，橙紅花瓣長可達5公分，金黃色彎曲雄蕊10，長3~5公分（吳昭祥拍攝）

▼圓錐花序下垂狀，長可達50公分，秋季開花（吳昭祥拍攝）

▼樹幹密佈皮孔

097

- 學名 *Saraca thaipingensis*
- 英名 Yellow saraca tree
- 原產地 東南亞

黃花無憂花

豆科

喬木

▼一回偶數羽狀複葉，大葉互生，小葉對生，小葉 4~8 對

▲小葉長 18~20 公分、寬約 4 公分、柄長 0.2 公分

▼新葉紅

▼常綠小喬木，嫩枝葉下垂狀（南元花園休閒農場）

▶複葉頂梢 2 對生小葉柄與羽葉中軸呈三角接合，小葉柄有稜

098 黃花無憂花

喬木

◀ 花具長管，冠徑 1~2 公分，中央雌蕊已轉果實

▼ 繖房花序，徑 7~10 公分，花期春天

▼ 4 花被，花初開黃色、轉橙黃，花謝變橙紅、至紅色

▶ 幹生花，初開黃色

▲ 群花幹生

▶ 莢果扁長橢圓形、紫紅色，長 10~27 公分、徑約 5 公分

099

木棉

木棉科 喬木

- 學名 *Bombax ceiba*
- 英名 Silk-cotton tree
- 原產地 印度、馬來西亞

◀掌狀複葉，多 5 小葉

葉面　葉背

落葉中喬木，樹型具明顯之中央主幹，主側枝輪生、層塔狀（東海大學音美館）

▲掌狀複葉有 3~7 小葉，總柄長可達 25 公分，小葉長 10~20 公分、寬約 5 公分、柄長 2 公分

▼樹幹密生多數尖錐狀瘤刺，人會碰觸刺傷的高度需除刺

竹塘木棉花道(陳俊男拍攝)

木棉

喬木

▼ 2~3 月先開花、再長新葉

▲花瓣肉質，冠徑 8~10 公分

▶橢圓形蒴果，長 15 公分、徑 5 公分，5~6 月乾熟，胞背自動 5 裂飄絮

◀滿地落絮困擾民眾

黃色花

黃玉蘭

木蘭科 / 喬木

- 學名 *Michelia champaca*
- 英名 Champak tree
- 原產地 中國南部、東南亞

葉柄上的托葉痕

▲葉似白玉蘭，但黃玉蘭的嫩葉柄佈毛，葉柄基部具顯明微細耳突，且有較長的托葉痕

▼透光網脈

葉背

▼嫩枝佈毛與皮孔，枝節具環痕

葉面

環痕

花瓣已脫落

托葉

▼單葉互生，嫩枝葉芽密被亮黃毛茸；大托葉包裹幼芽，與枝條環狀相接，托落後於枝條節處、留環狀托葉痕

托葉痕

環痕

常綠中喬木，花於5月中旬綻放，8~10月盛花期（谷關溫泉公園）

▼花色較黃橘，內外輪花瓣大小有差異，外輪較寬長、內輪較窄短，花期夏至初秋，花初開偏黃色，後變橙黃，花冠徑 4~8 公分，花香濃烈

103

黃玉蘭

喬木

◀中央的雌蕊數多，螺旋狀排列，下方外圍是雄蕊、數多

含苞待放

即將綻放

皮孔

▼較常見果實，蓇葖果表面具多數皮孔

◀花的心皮分離，所形成的果實上部分離、基部連接一起

番荔枝科 喬木

山刺番荔枝

- 學名 *Annona montana*
- 英名 Mountain soursop
- 別名 巴西番荔枝、日本釋迦
- 原產地 熱帶美洲及西印度群島

▼草屯臺灣工藝文化園區

▲花徑 3~4 公分，6 花被、厚肉質

▲花下垂狀

▼常綠小喬木（后豐自行車道）

▼花黃色、幹生，四季常開花

105 山刺番荔枝 喬木

▼單葉互生，葉長 12~15 公分、寬約 5 公分、柄長 1~2 公分

▶葉背色較淺

▼葉面脈腋具腺體

葉面

▼聚合果，徑 8~15 公分，表面密佈刺狀突起，可食用

▶果幹生

腺窩

◀葉背中肋與羽側脈腋，有凹下腺窩

番荔枝科 喬木

香水樹

- 學名 *Cananga odorata*
- 英名 Uvaria odorata
- 原產地 東南亞

▼單葉互生，排成二列，枝條頗長

▶嫩枝葉佈毛，葉長 10~20 公分、寬 4~8 公分、柄長 1~1.5 公分，

▼常綠中喬木，花期 5~12 月
（臺中水崛頭公園）

葉面

107

香水樹

喬木

▼ 6花瓣，帶狀，披針狹線形，長約6公分、寬約1公分，扭曲下垂

▼ 一朵花內有多個雌蕊（心皮），每一雌蕊形成一個小果

▼ 花單一或數朵於葉腋叢生，花初開綠色，轉黃後具芳香，凋萎前更香濃

▼ 聚合果有多個小果、群聚於果梗上

花萼

▲ 3宿存花萼中的群果，基部相連，來自同一朵花，漿果徑約1公分

豆科 喬木

大實孔雀豆

- 學名 *Adenanthera pavonina*
- 英名 Red bead tree
- 原產地 熱帶亞洲

▼嫩紅枝葉佈毛

▼高雄熱帶植物園

▼2回偶數羽狀複葉，羽片2~6對，小葉3~9對，葉軸紅色

葉背

葉面

▲大羽葉互生、小羽葉對生，小葉互生或對生，葉背色較淺

◀羽片的小葉互生，小葉長1~3公分，寬0.5~1.5公分

落葉小喬木
（草屯臺灣工藝文化園區）

109 大實孔雀豆

喬木

▼花蕾嫩枝滿佈毛茸

▲莢果圈套狀，長 10~20 公分，每果莢內約 10 粒種子，紅艷種子即是俗稱之相思豆，耐久藏，種徑約 1 公分

◀花期 4~7 月，總狀花序長約 8~15 公分

◀小花徑不及 1 公分，5 花瓣，10 雄蕊，與花瓣等長

▲單花序腋生或頂生

豆科 喬木

相思樹

- 學名 *Acacia confusa*
- 英名 Taiwan acacia
- 臺灣原生種

▼鐮刀狀葉為假葉，是葉柄，非真正葉身，互生，假葉長 8~10 公分、寬 1~1.5 公分，平行長脈超過 5，新葉偏紅

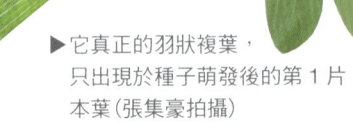

▶它真正的羽狀複葉，只出現於種子萌發後的第 1 片本葉（張集豪拍攝）

▲莢果扁平，長 4~9 公分

▼種子褐色，非所謂的相思豆

▲頭狀花序，形似小絨球，1~2 朵腋出

▶金黃色花，花序徑 0.5~0.8 公分，梗長 0.6~1 公分

▼常綠中喬木（臺中市中科通山公園）

▼5~6 月盛花（臺中市中科林厝公園）

- 學名 *Acacia farnesiana*
- 英名 Sweet acacia
- 別名 鴨皂樹、牛角花、刺球花
- 原產地 中國、熱帶美洲、南美

金合歡

豆科

喬木

▼頭狀花序，有為數眾多的雄蕊

▲每葉腋常聚生 1~3 個花序，徑約 1.5 公分，花狀似相思樹，但顏色更金黃鮮艷

▼2 回羽狀複葉，複葉長約 5~10 公分，羽片 4~7 對，小葉 10~20 對，小葉長約 0.5 公分

▲花萎謝後，不會很快掉落，殘花球醜陋

▼花期 3~6 月，大灌木或小喬木，株高約 2~5 公尺，枝條開展

豆科 喬木

阿勃勒

- 學名 *Cassia fistula*
- 英名 Golden shower tree
- 原產地 東南亞

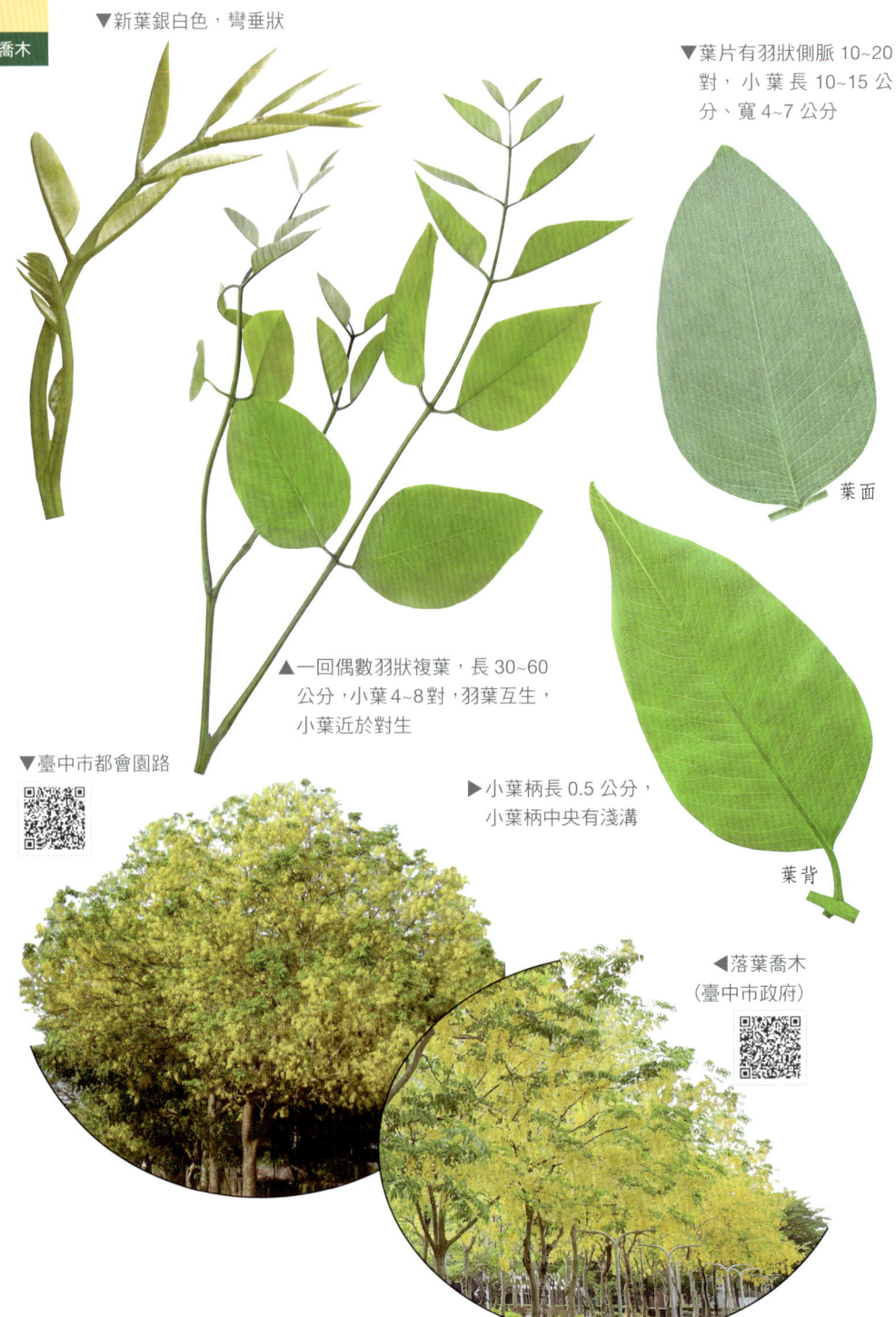

▼新葉銀白色，彎垂狀

▼葉片有羽狀側脈 10~20 對，小葉長 10~15 公分、寬 4~7 公分

葉面

▲一回偶數羽狀複葉，長 30~60 公分，小葉 4~8 對，羽葉互生，小葉近於對生

▼臺中市都會園路

▶小葉柄長 0.5 公分，小葉柄中央有淺溝

葉背

◀落葉喬木（臺中市政府）

阿勃勒 喬木

◀莢果內有很多平行間隔，將種子分開，扁平、富光澤之黃橙、紅褐色種子，似藥片狀

▼果面光滑，成熟果實各隔室具瀝青狀、黑色黏質物，如發酵過之醬膏，可抑制種子發芽

▲熟果黑褐色，圓筒、長棍狀莢果，外有縱溝3條，筆直或略彎曲，長30~60公分，果徑約1.5公分

▶花冠徑3~4公分，5瓣分離，雌蕊綠色彎曲，花萼翠綠色

雌蕊

花萼

▶花兩性，花絲黃色、基部彎曲，3枚特長、4枚中等，另3枚較短，不孕性

▼5~7月盛花期，葉片稀少，甚至全株無葉，只見長串下垂的黃花群

▶腋生總狀花序，長達60~80公分，下垂狀

豆科 喬木

小豆樹

- 學名 *Cojoba arborea*
- 英名 *Coral snake tree*
- 別名 密葉猴耳環
- 原產地 美洲

▼ 2回羽狀複葉，長可達40公分，互生，6~15對小羽片

▼ 花初開乳黃色，葉背色較淺

◀ 小葉對生、長約4公分

▼ 花謝前轉黃，4~6月開花

▲ 紅褐色新葉

◀ 5~10月結果，紅色莢果扭曲，長10~15公分，果熟自動裂開（菁芳園，巫鴻澤拍攝）

▶ 常綠喬木，耐蔭，葉白天展開，傍晚閉合（菁芳園）

115

- 學名 *Delonix regia* var. *flavida*
- 英名 Golden royal poinciana
- 園藝栽培種

黃花鳳凰木

豆科

喬木

◀落葉大喬木（臺南長榮路一段，黃毅斌拍攝）

▶ 5花瓣，其中1瓣色白（黃毅斌拍攝）

▼枝葉細緻，2回偶數羽狀複葉、互生，除花色外，其他均類似鳳凰木

▼夏季開花（黃毅斌拍攝）

豆科 喬木

墨水樹

- 學名 *Haematoxylon campechianum*
- 英名 Log wood
- 原產地 美洲中部

▼一回偶數羽狀複葉，互生或叢生枝端，托葉針刺狀

▼小葉對生，葉倒心形，葉端略凹，葉面平行羽側脈密佈

▲羽葉有3~4對小葉，小葉長2~2.5公分、寬約1.5公分

▶落葉小喬木（彰化溪州公園）

◀葉背小葉柄淺綠色

▼總狀花序長約 12 公分

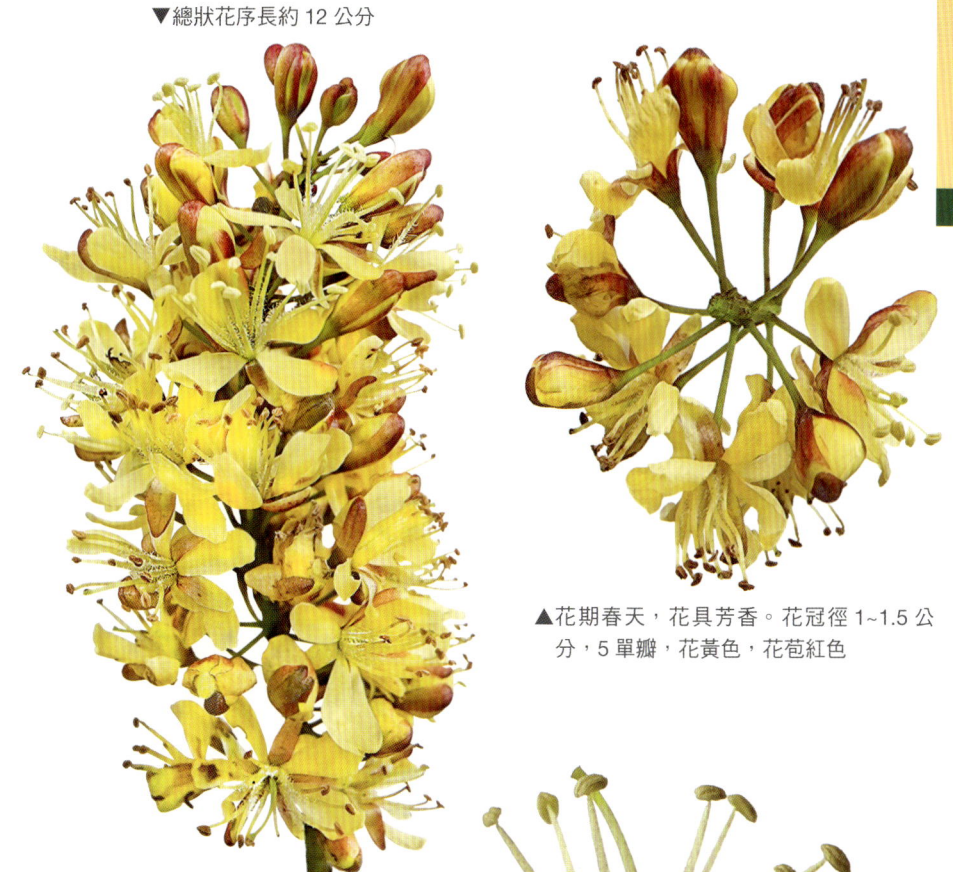

▲花期春天,花具芳香。花冠徑 1~1.5 公分,5 單瓣,花黃色,花苞紅色

▲雄蕊多數,長短 2 列,花絲有毛,子房及花柱均被短毛

▼花萼紅色、5 裂

▶扁平莢果,長約 3 公分、寬約 0.9 公分(大臺北都會公園)

墨水樹

喬木

豆科 喬木

盾柱木

- 學名 *Peltophorum pterocarpum*
- 英名 Yellow flame tree
- 原產地 熱帶亞洲、澳洲與美洲

▶小葉對生，複葉有羽片 8~12 對，小葉 10~20 對

◀2 回偶數羽狀複葉、互生，新嫩枝葉密佈紅褐色毛茸

▶新葉淺褐綠色，毛茸密佈

◀葉背羽軸與葉柄密被褐色氈毛，觸摸會黏手

▲小羽葉的小葉對生、葉背網脈明顯，小葉長 1~1.6 公分、寬 0.4~0.7 公分

▼5~6 月盛花（臺中水崛頭公園）

▼花果均具觀賞性（曾文水庫水利署南區水資源局）

▼總狀花序頂生或腋生，長 30~45 公分

▼5 花瓣黃色，離生雄蕊 10，花冠徑 2~3 公分，瓣緣波浪狀、有皺摺

119

盾柱木

喬木

▼花轉果

▼花瓣基部具褐色毛茸

◀紫紅褐色、扁平莢果，長 7~10 公分、寬 2.5 公分

▼果莢殘留頗久，直到翌年 5 月

印度紫檀

豆科　喬木

- 學名 *Pterocarpus indicus*
- 英名 Indian padauk
- 原產地 東南亞

▼ 1回奇數羽狀複葉與小葉，均互生

▲黃花 5~6 月綻放，花小而數多，只是綻放 1 天即凋落，故名一日花

▲長枝下垂狀（臺中市崇德路）

◀落葉大喬木（臺中市忠明南路）

▲頂小葉的葉面

▶小葉長 5~10 公分、寬 3~5 公分，小葉柄略膨大，長 0.5 公分，微具毛

葉背

◀綠色小葉柄，較黃綠色中軸略粗肥

121 印度紫檀 喬木

▼花序腋生或頂生

▶總狀或圓錐花序

◀花冠徑 1~1.5 公分，5 瓣，蝶形花冠

◀花瓣具長柄，花萼綠色、倒圓錐形，長約 0.5 公分，緣有短齒

▼嫩果佈滿毛茸

▶果實中央無刺，果徑 4 公分，每一莢果有種子 1 粒

▼5~6 月綻放，花小而數多

▲莢果扁圓形，周緣有闊翅，紙質般縐褶，中央肥厚突起為種子

菲律賓紫檀
Pterocarpus vidalianus

果實中央具刺

◀（臺中市細兒 8-11 公園）

豆科 喬木

四葉黃槐

- 學名 *Senna fruticosa*
- 原產地 熱帶美洲

▶ 綠色花萼長橢圓形、端圓鈍，長約 1 公分

◀ 花徑約 5 公分，花瓣不等長，具柄，6 可育雄蕊、等長

▼ 一回偶數羽狀複葉、互生，複葉長 12~18 公分，小葉長約 10 公分、寬 4~5 公分

高凸腺體

▲ 羽葉之第一對小葉間的葉軸上有高凸腺體，圓錐花序著生於枝端葉腋

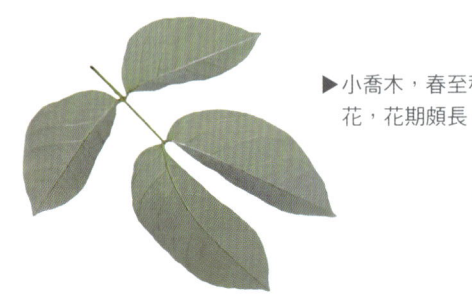

▶ 小喬木，春至秋開花，花期頗長

▲ 複葉有 4 小葉，故名之，小葉對生，葉基歪，葉背灰白綠

鐵刀木

- 學名 *Senna siamea*
- 英名 Kassod tree
- 原產地 東南亞

豆科

喬木

▼小葉長 3~7 公分、寬 1~2 公分、柄長 0.2~0.3 公分

▼羽狀複葉互生，葉為荷氏黃蝶與淡黃蝶屬蝴蝶之食草

▼落葉中喬木，花四季常開，僅冬天較少（臺中文修公園）

▶一回偶數羽狀複葉，長約 30 公分，有 6~12 對小葉，小葉對生，嫩葉泛紅

124

鐵刀木

喬木

▼花是銀紋淡黃蝶的蜜源與食草

▼繖房狀、總狀或圓錐花序

◀10雄蕊，僅7枚有花藥，花兩性

▼花冠徑 2~3 公分

▶莢果長 10~25 公分，成熟暗褐色

◀黃花綠果

- 學名 *Senna spectabilis*
- 別名 美洲槐
- 原產地 中南美

美麗決明

豆科

喬木

▼ 5 花瓣具明顯脈紋，大小不一，10 雄蕊，7 發育，長近 1 公分，3 不育，長約 0.4 公分

▼ 花徑 5~6 公分，小花梗及總花梗均密被黃褐色毛茸

▼ 小葉對生，長 3~6 公分、寬 1~1.5 公分，嫩枝、葉背、葉軸及葉柄均密被黃褐色毛茸

▼ 一回羽狀羽葉、互生，羽葉長 12~30 公分，6~15 對小葉

▼ 多雨地區是常綠小喬木，但乾旱季節會落葉，株高約 5 公尺，夏季開花

▼ 圓錐花序頂生或腋出

黃槐

豆科 喬木

- 學名 *Senna surattensis*
- 英名 Sun shine tree
- 原產地 印度、斯里蘭卡與澳洲

▶羽葉軸與總柄，著生長橢圓形、綠色、具柄腺體

腺體

▶小葉長 2~3 公分、寬 1.5~2 公分、柄長 0.2~0.3 公分

▶一回偶數羽狀複葉、互生，小葉對生，複葉長約 15 公分

◀複葉有小葉 6~9 對，葉背色較淺

▼半落葉小喬木（金門）

127

黃槐

喬木

托葉

◀枝節有 1 對托葉

▼花後隨即結果

▼花冠徑 5 公分，雄蕊 5~10、長短不一

◀扁平莢果，熟深褐色，長約 8 公分

▼花四季常開，花期頗長（臺中市東大路宜寧高中圍牆邊）

銀樺

- 學名 *Grevillea robusta*
- 英名 Silky oak, Fern tree
- 原產地 澳洲

山龍眼科 / 喬木

▶ 1~2 回羽狀複葉，互生至叢生，小葉 7~10 對，複葉長 15~30 公分、寬 9~15 公分，葉形多變化，羽狀裂葉之裂片半邊又羽狀裂

常綠中~大喬木（臺中豐樂公園）

▲ 葉背密生銀白色茸毛，故名之

盛花期 4~5 月（寶山休息站，黃崇義拍攝）

▼ 壯觀的老樹（金門縣物資處）

129

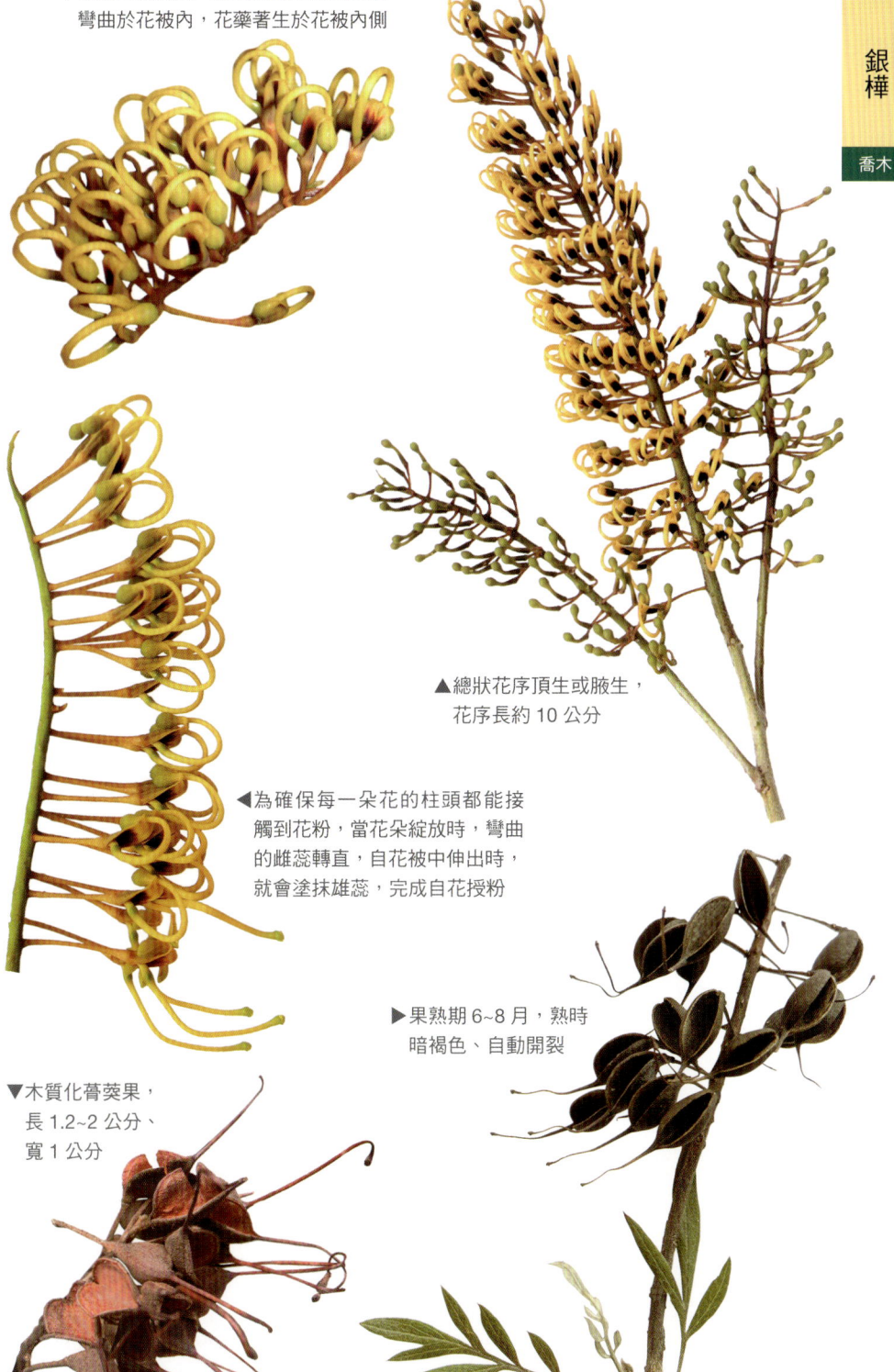

銀樺

喬木

▼花朵未綻放前，雌蕊的柱頭及花柱端、彎曲於花被內，花藥著生於花被內側

▲總狀花序頂生或腋生，花序長約 10 公分

◀為確保每一朵花的柱頭都能接觸到花粉，當花朵綻放時，彎曲的雌蕊轉直，自花被中伸出時，就會塗抹雄蕊，完成自花授粉

▶果熟期 6~8 月，熟時暗褐色、自動開裂

▼木質化蓇葖果，長 1.2~2 公分、寬 1 公分

錦葵科 喬木

小笠原黃槿

- 學名 *Hibiscus boninensis*
- 臺灣原生種

▼葉長卵心形，葉長 4 公分

▶葉有時是闊心形

▲花瓣尖，花徑約 8 公分

▼花謝轉紅橙黃

▼常綠小喬木
（田尾豐田景觀苗圃）

▲花萼 2 層

131

錦葵科 / 喬木

- 學名 *Hibiscus tiliaceus*
- 英名 Sea hibiscus
- 臺灣原生種

黃槿

▼葉心形，全緣或有小鋸齒，葉寬可達 30 公分，掌狀脈 5~7 條

▼單葉互生

▶托葉宿存，長達 2 公分，與灰白的葉背，均疏生星狀毛

◀嫩葉背密被銀白毛茸

托葉

▼常綠中喬木，未見滿樹都是花，卻全年常開花(臺中水崛頭公園)

黃槿

喬木

▼花頂生或腋生，具小苞，花萼2層、5裂

▼黃花，花冠鐘形、徑 8~10 公分，5 花瓣，花心暗紫色，花朵中央由一群黃色雄蕊形成的單體雄蕊筒，上端為暗紫色雌蕊，柱頭先端 5 裂

▼花凋落前可能轉紅

雌蕊

▶果實乾熟、5瓣裂

▶2層花萼

▶蒴果新形成，徑約 2~2.5 公分

彩葉黃槿　*Hibiscus tiliaceus* 'Tricolor'

▲葉色多彩豐富

133

繖楊

錦葵科 / 喬木

- 學名 *Thespesia populnea*
- 別名 恆春黃槿
- 臺灣原生種

▲卵心形葉，葉長 10~18 公分、寬 6~10 公分、柄長 5~12 公分，葉基 5 出脈

▲單葉互生，隨果實發育，宿存花萼亦略增大，綠果成熟轉黑褐色

▼小果初形成於宿存花萼中

常綠小喬木，花期 5~8 月
（臺中水堀頭公園）

繖楊

喬木

▼花單立、腋生，傍晚花謝前漸變色

▲球形蒴果，徑約 3 公分，熟黑褐色

▲花萼淺盃狀，緣截形，長 1 公分，又名截萼黃槿

▲花徑 6~9 公分

▼花謝萎縮轉紅，3 副萼，細長

▲花初開鮮黃色，花瓣基部具紫褐色斑

135

桃金孃科

喬木

- 學名 *Xanthostemon chrysanthus*
- 英名 Golden penda, Yellow penda
- 原產地 澳洲

黃金蒲桃

▼單葉互生，葉長 10~20 公分、寬 3~8 公分，新葉紅色

◀葉背的葉緣吻合脈明顯

吻合脈

▼后里環保公園（蔡錦吉拍攝）

▼葉革質，搓揉有番石榴味，葉緣吻合脈貼近葉緣

▼葉背密佈黑色腺體

◀常綠小喬木（苗栗龍昇湖旁之靈生禪寺對面）

黃金蒲桃

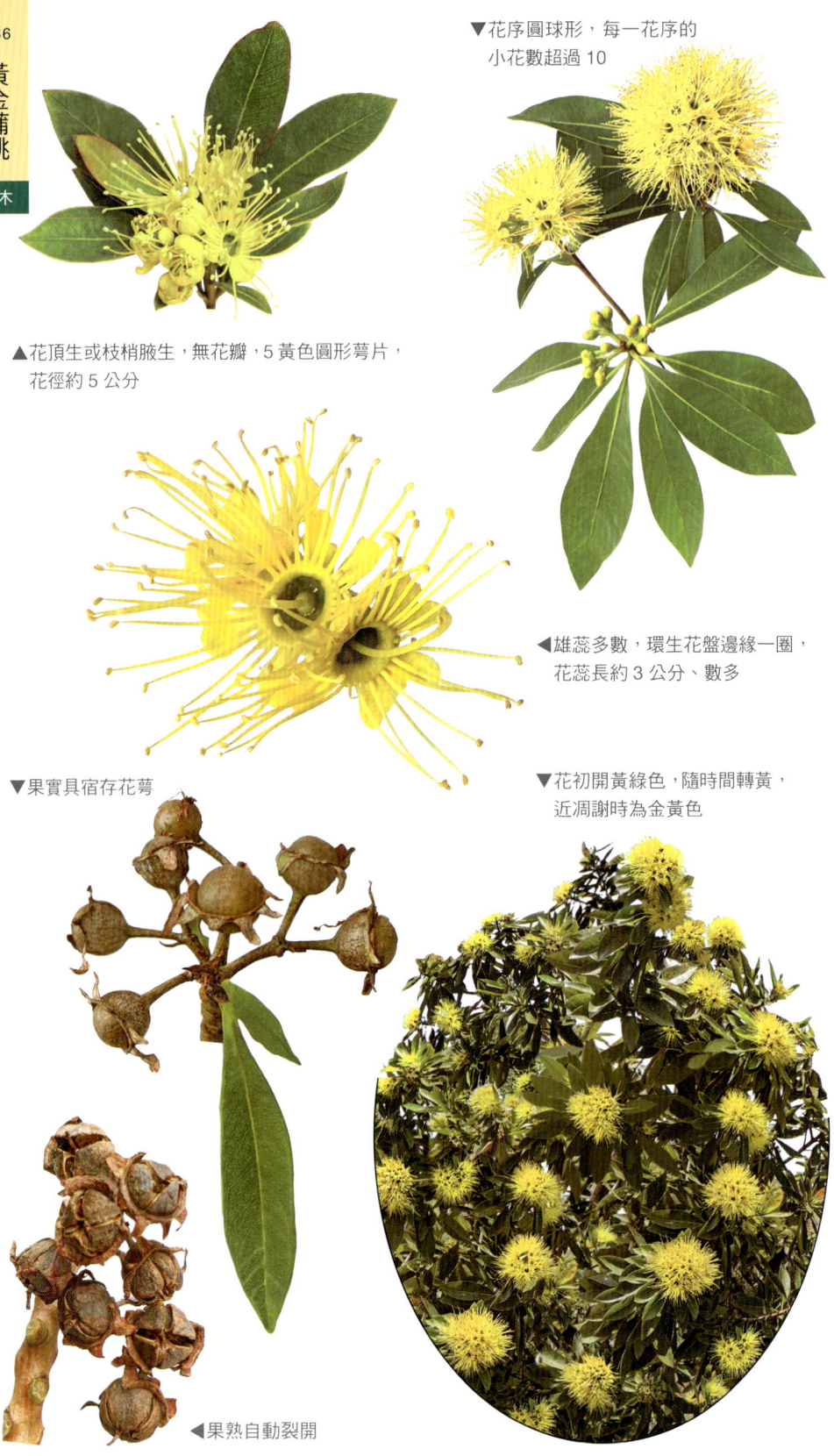

喬木

▲花頂生或枝梢腋生，無花瓣，5 黃色圓形萼片，花徑約 5 公分

▼花序圓球形，每一花序的小花數超過 10

◀雄蕊多數，環生花盤邊緣一圈，花蕊長約 3 公分、數多

▼果實具宿存花萼

▼花初開黃綠色，隨時間轉黃，近凋謝時為金黃色

◀果熟自動裂開

- 學名 *Koelreuteria henryi*
- 英名 *Flame golden rain tree*
- 別名 苦楝舅、苦苓舅
- 臺灣原生種

臺灣欒樹

無患子科

喬木

◀紅姬緣椿象成群於樹幹

▶葉似苦楝，又名苦楝舅；但臺灣欒樹的小葉互生，苦楝小葉對生

▼紅果滿樹（東海大學）

▼嫩葉背的中肋與羽脈疏佈毛，葉緣鋸齒、重鋸齒或缺刻，葉背色較淺，小葉長 6~9 公分、寬 2.5~3 公分

▼落葉喬木，鮮黃的花朵雖小，卻聚成了大型的圓錐花序，開花時滿覆冠頂耀眼醒目（東海大學）

◀新葉紅，2 回羽狀複葉與小葉均互生

臺灣欒樹

喬木

▶ 雄花有 5 花瓣，7~8 雄蕊，花絲有毛，黃花基部色紅

▶ 頂生圓錐花序長 45 公分，花期 9 月中旬~10 中旬

◀ 雌花，花徑約 0.5 公分

▶ 圓形種子，徑約 0.6 公分

種子

嫩果

◀ 花漸形成紅嫩果

▲ 蒴果由 3 片紅色、薄膜狀苞片組成，膨脹成氣囊狀，紙質，成熟轉膜質

苦楝與臺灣欒樹比較

▶ 新嫩葉展開，毛茸漸稀少

◀ 嫩芽滿佈銀白毛茸，觸摸易脫落

▲ 苦楝

◀ 嫩芽紅

▲ 臺灣欒樹

- 學名 *Mangifera indica*
- 英名 Mango
- 原產地 印度、緬甸、馬來半島

芒果

漆樹科

喬木

▼臺北市花博公園新生園區

▼原產地為熱帶東南亞（吳哥窟）

常綠大喬木（中正大學）

雲林古坑綠色隧道

芒果

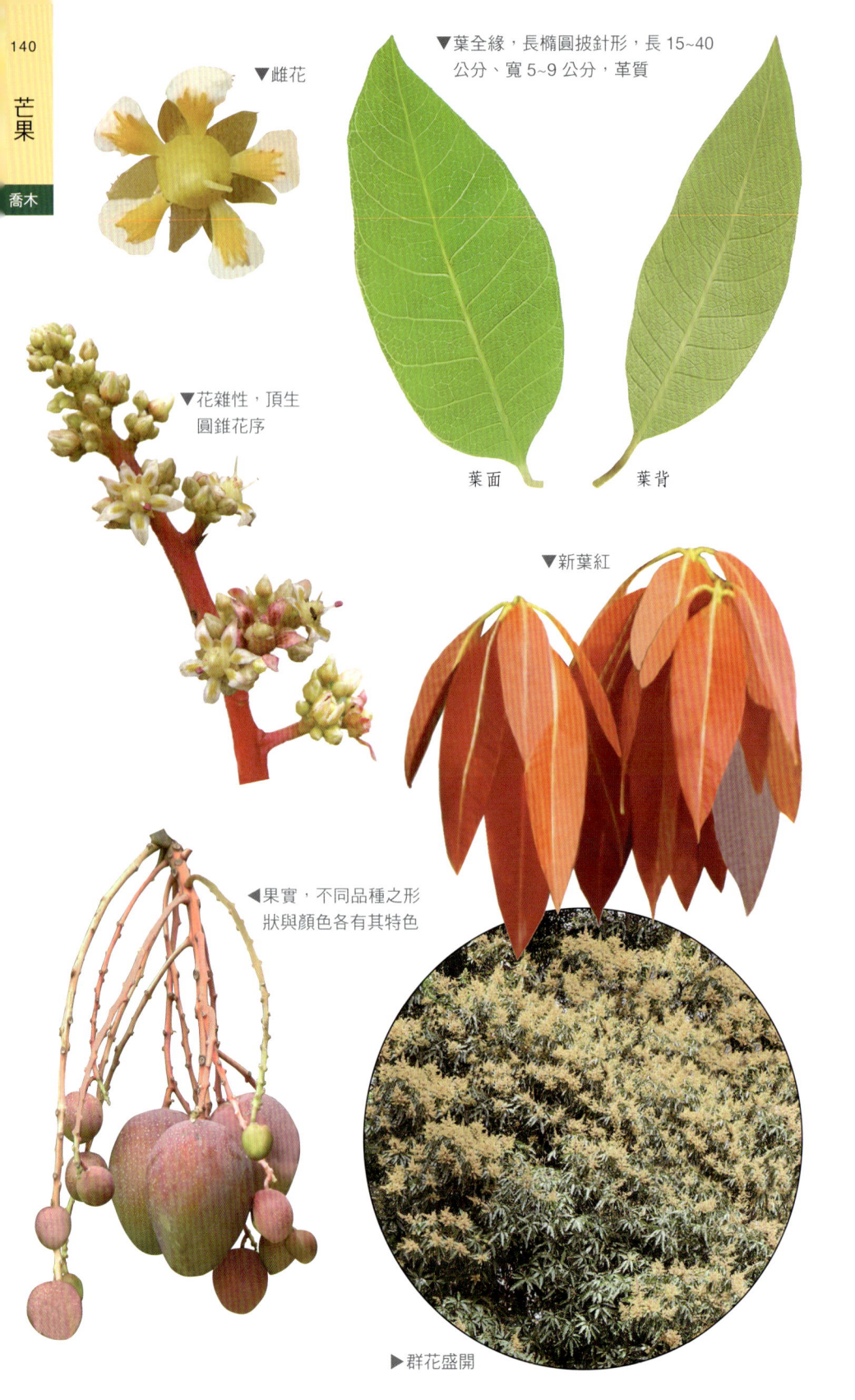

喬木

▼雌花

▼葉全緣，長橢圓披針形，長 15~40 公分、寬 5~9 公分，革質

葉面　　　葉背

▼花雜性，頂生圓錐花序

▼新葉紅

◀果實，不同品種之形狀與顏色各有其特色

▶群花盛開

- 學名 *Rhus chinensis* var. *roxburghii*
- 英名 Roxburgh sumac, Nutgall tree
- 別名 羅氏鹽膚木、鹽膚木、山埔鹽
- 臺灣原生種

山鹽青

漆樹科 喬木

▼1回奇數羽狀複葉、互生，長35~50公分，小葉9~17

▼新嫩枝葉佈毛，對生小葉幾乎無柄

▲小葉長8~15公分、寬2~4公分，鋸齒緣，葉背佈毛

▲頂小葉面較無毛，柄具狹翼

◀落葉小喬木(杉林溪)

山鹽青

喬木

▶花期 9~10 月

◀複圓錐花序，頂生，小花密生，小花徑約 0.2 公分，5 花瓣，黃白色

▼核果扁球形，果面被毛，徑約 0.5 公分，內有種子一粒，11~2 月果實成熟、紅褐色

▼黃花與紅果同時出現於大花序

▼9 月開黃花，隨即轉紅果（清境國民賓館）

黃花夾竹桃

夾竹桃科 喬木

- 學名 *Thevetia peruviana*
- 英名 Yellow oleander
- 原產地 熱帶美洲

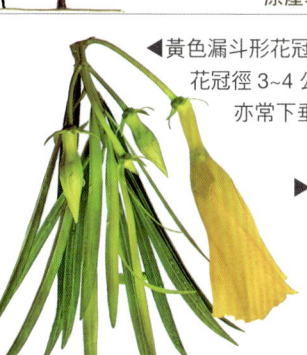

◀ 黃色漏斗形花冠，不完全展開，下垂狀，花冠徑 3~4 公分，長約 6 公分，枝葉亦常下垂，為劇毒植物，勿食

▶ 葉線形、叢生，葉形似羅漢松，但羅漢松葉片質地硬挺，黃花夾竹桃質較軟

▶ 花先端 5 裂，裂片彼此迴旋疊合排列；花萼深 5 裂，裂片披針形、長約 0.6 公分

近葉緣有條直脈

▼ 肉質核果，圓三角狀菱形，類似粽子，果徑 3 公分

▼ 常綠小喬木（中興大學）

◀ 葉長約 10 公分、寬約 0.5~1 公分，葉背色較淺

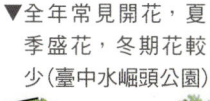

▶ 粉黃夾竹桃 *T. thevetioides* 原產墨西哥，花色為橘紅或粉黃，花期較短，僅於夏季盛開

▼ 全年常見開花，夏季盛花，冬期花較少（臺中水崛頭公園）

紫葳科

喬木

黃花風鈴木

- 學名 *Tabebuia chrysantha*
- 原產地 中南美

與黃金風鈴木的主要差異：葉緣鋸齒，葉與果的毛茸較少，臺灣較少種植。

▶葉緣粗鋸齒

▲果色較綠，毛茸分佈較稀疏

▲嫩葉泛紅褐色，毛茸較稀疏

◀幅射紅褐色線紋較多且明顯，花萼較短胖、色較綠，毛茸較稀疏

▶花冠漏斗形，下端長管部外側可見斑條紋

145

紫葳科

喬木

- 學名 Tabebuia chrysotricha
- 英名 Golden trumpet tree
- 原產地 墨西哥、中南美洲

黃金風鈴木

先開花再長葉，早春3~4月盛花期，完全無葉片（田尾公園路行道樹）

落葉小喬木（臺中廊子公園）

▼田尾

◀黃褐色毛茸

146
黃金風鈴木
喬木

▼葉背毛茸

▲頂小葉背,葉全緣偶見鋸齒

▲葉面的葉脈

▲葉背

▼掌狀複葉對生

▶樹幹深裂紋

◀葉面與柄佈毛

147 黃金風鈴木 喬木

▶花冠漏斗形，狀似風鈴，花冠長 5~8 公分，花冠 5 裂，2 側對稱

▶花冠中央喉部被毛

▲▼花序的小花較緊密，花萼密被黃褐色毛

▲松鼠吃花

▶長條狀蒴果，成熟自動 2 裂

◀果實外密被毛茸

種子　　翅

▲種子兩端具薄翅

紫葳科 喬木

海南菜豆樹

- 學名 *Radermachera hainanensis*
- 英名 Tree jasmine
- 別名 進財樹
- 原產地 中國

▶筒狀花萼綠色，長近2公分，3~5淺裂

▼雄蕊著生於花冠下部

▼臺中興進園道

◀蓢果長 40~50 公分，粗約 0.5 公分

▼常綠喬木（臺中市府會園道）

▼幼樹耐蔭，適合室內

149
海南菜豆樹
喬木

▼複葉、羽片與小葉均對生

▲小葉卵形,長4~10公分、寬2~4公分,羽側脈4~5,葉面綠、富光澤

葉背

◀1~2回羽狀複葉,羽片小葉3~7

▲複葉總柄基部肥凸

▲葉背之柄基與連接處均肥凸

▼新嫩枝葉紅

◀全年不定期開花

▲鐘狀花冠淡黃色,長4~5公分、徑約1.5公分

銀鱗風鈴木

- 學名 *Tabebuia argentea*
- 英名 Sliver trumpet tree
- 原產地 南美

▶葉背鱗片

▼掌狀複葉，小葉數常是 5，複葉對生

▼圓錐花序頂生

▼兩性花，花冠兩側對稱，合瓣花、漏斗管狀，花瓣外側無毛、內側被疏柔毛

葉脈

▶長橢圓形蒴果，成熟褐色、自動開裂

◀枝與葉均密被銀白色盾狀鱗片

▼落葉小喬木，4月開花
（臺南市南島路）
（張元聰拍攝）

▼葉面鱗片

葉背

◀小葉長 8~12 公分，葉面銀灰綠

紫葳科　喬木

黃鐘花

紫葳科 喬木

- 學名 *Tecoma stans*
- 英名 Yellow bells
- 原產地 美洲

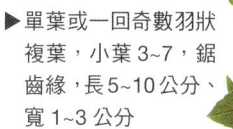

▶ 單葉或一回奇數羽狀複葉，小葉 3~7，鋸齒緣，長 5~10 公分、寬 1~3 公分

▶ 黃花冠喉佈毛、縱走橙色線紋

▼ 易倒塌需加強支架（臺中潭子區綠空廊道）

▼ 花徑 2~4 公分，頂生總狀或圓錐花序；蒴果長約 15 公分，綠果成熟褐色、自動開裂

▼ 臺中市五權西一街

▼ 臺中市永春東路

▼ 臺中遊園北路精銳闊社區

▲ 常綠小喬木，花期超過半年

彎子木

- 學名　*Cochlospermum religiosum*
- 英名　Silk-cotton tree
- 別名　黃金樹牡丹
- 原產地　中南美洲、東南亞

▼嫩葉多掌狀 3 裂，葉柄佈毛

▶單葉互生，葉柄泛紅

▲嫩枝葉紅色、佈毛

▲葉徑 8~15 公分，掌狀多 5 裂，疏淺鋸齒緣

落葉小喬木，開完花才長葉（臺中沙鹿三民路停車場）

▶花徑約 7~10 公分，雄蕊數多，長短各半，花絲黃橙

◀花瓣 5，金黃色，花瓣平展綻放，中央突出的是雌蕊、長約 1 公分

◀落葉後，3~5月開花
（田尾合利園藝）

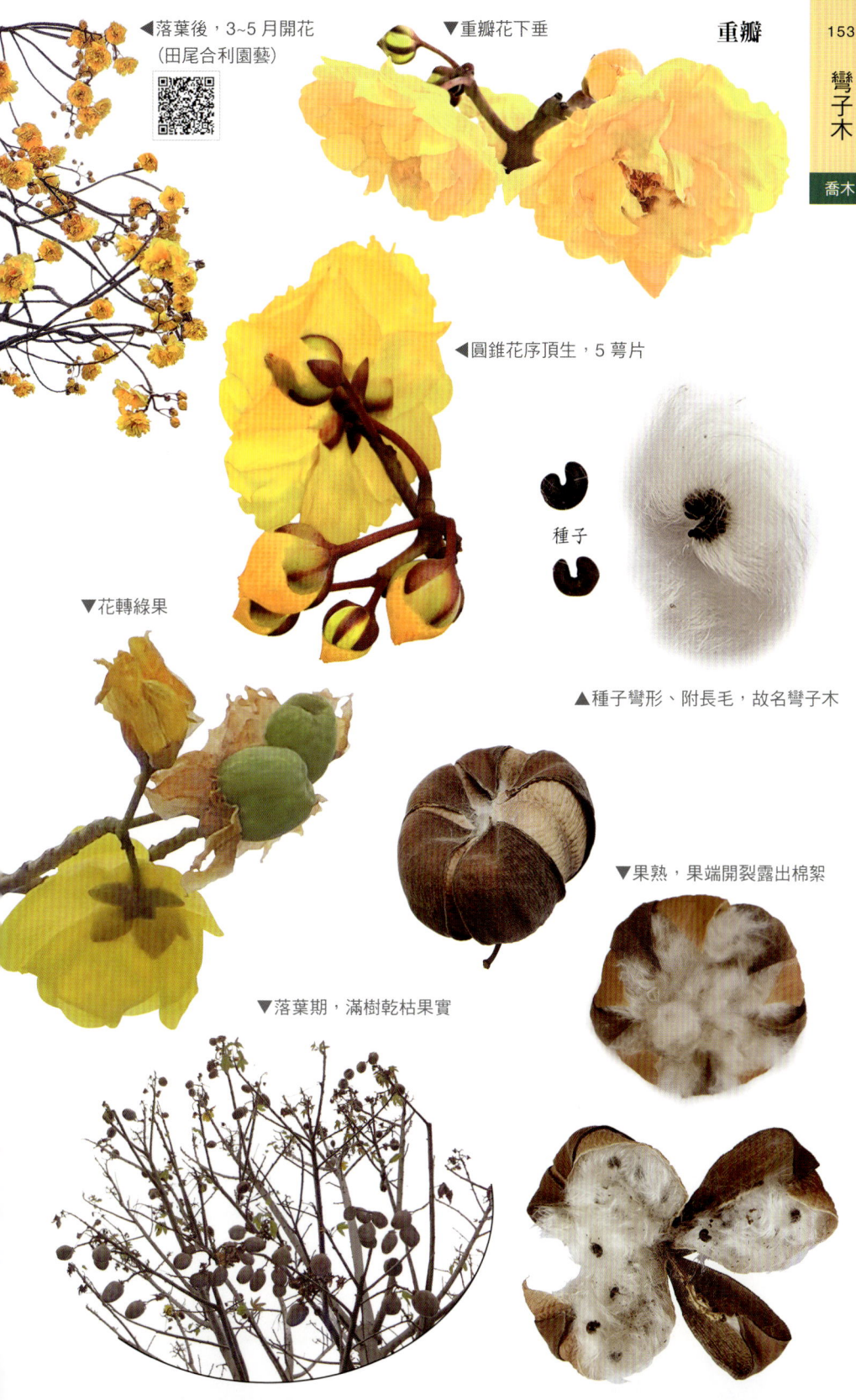

▼重瓣花下垂

重瓣

153

彎子木

喬木

◀圓錐花序頂生，5 萼片

種子

▼花轉綠果

▲種子彎形、附長毛，故名彎子木

▼果熟，果端開裂露出棉絮

▼落葉期，滿樹乾枯果實

胡麻科 喬木

黃花艷桐草

- 學名 *Succulent sesame*
- 英名 Mouse trap tree
- 別名 黃花和尚頭
- 原產地 馬達加斯加

▼花5瓣，黃花、花心暗色

▶花冠高筒狀，4~5細長花萼，主幹的細枝掉落後，留下突起

▼掌狀5裂葉，葉形多變，葉背泛白，具細長葉柄、泛紅

▼全株多處被毛，葉徑約6公分

▼幾乎全年開花，多肉質、耐乾旱

▶落葉小喬木，幹基膨大

藍紫色花

豆科 喬木

水黃皮

- 學名 *Pongamia pinnata*
- 英名 Poonga-oil tree
- 臺灣原生種

▼花色淡紫、淡紅、淡粉紫或白，旗瓣較廣闊、外被絹毛

▲ 6~9月果熟，全年常見果，果宿存久，成熟不開裂

種子

▲ 短莢果扁平而厚實，長6公分、寬2.5公分，只有1粒種子

▶ 蝶形花冠、徑1~2公分

▼春、秋季或僅一季開花

▼總狀花序、腋出

▼中南部春秋開花（臺中都會公園）

▼半落葉小喬木，葉片不會落光（臺中豐樂公園）

▼一回奇數羽狀複葉、互生，複葉有小葉5~7、對生、有一對線形托葉，總柄基肥大

▼亦有3出複葉

157 水黃皮

喬木

頂小葉柄

葉軸

葉背　　葉面

▲頂小葉柄與葉軸明顯區分，蝶形花科常具此形態特徵

▲小葉長6~12公分、寬約4公分、具粗短小葉柄，長約0.4公分

◀小葉柄粗短、色深綠、長約0.4公分

▲網脈

大花紫薇

千屈菜科 / 喬木

- 學名 *Lagerstroemia speciosa*
- 英名 Queen's crape myrtle
- 原產地 熱帶亞洲印度、澳洲

▲入冬落葉前葉色轉變成鮮艷的紅色，為平地易於觀賞之紅葉植物

▼葉端紅為辨識特色，新葉紅艷，單葉多對生，整齊著生於枝條兩側，長枝上的葉多位於同一平面，所謂的二列狀

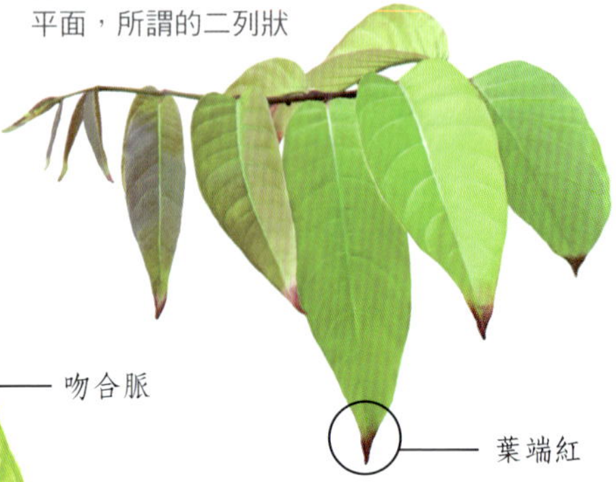

吻合脈

葉端紅

◀具弧形吻合脈，離葉緣僅 0.2~0.3 公分；葉長 15~30 公分、寬 5~10 公分、柄長 0.2~0.5 公分

花期 5~7 月（臺中都會公園）

▼落葉喬木，落葉前葉色轉紅（臺中中科橫山公園）

▼臺中市黎新公園

▼嘉義大學（陳佩君拍攝）

▼總狀花序，長 15~30 公分

◀ 6 花瓣，瓣緣不規則波浪凹凸，花瓣不平整，花徑 6~8 公分

159 大花紫薇

喬木

▲杯狀花萼，12 縱凹溝，6 裂片

▲花隨綻放，色彩漸變化

▼球形蒴果，有宿存萼，果徑 3.5 公分

▲大串乾熟開裂之果實，每個果實如一 6 瓣的花朵，可做乾燥果材

◀果實成熟時木質化，由綠色變為暗褐色，自動開裂成 6 片，種子自行飄出

楝科 喬木

楝樹

- 學名 *Melia azedarach*
- 英名 China berry tree
- 別名 苦楝
- 臺灣原生種

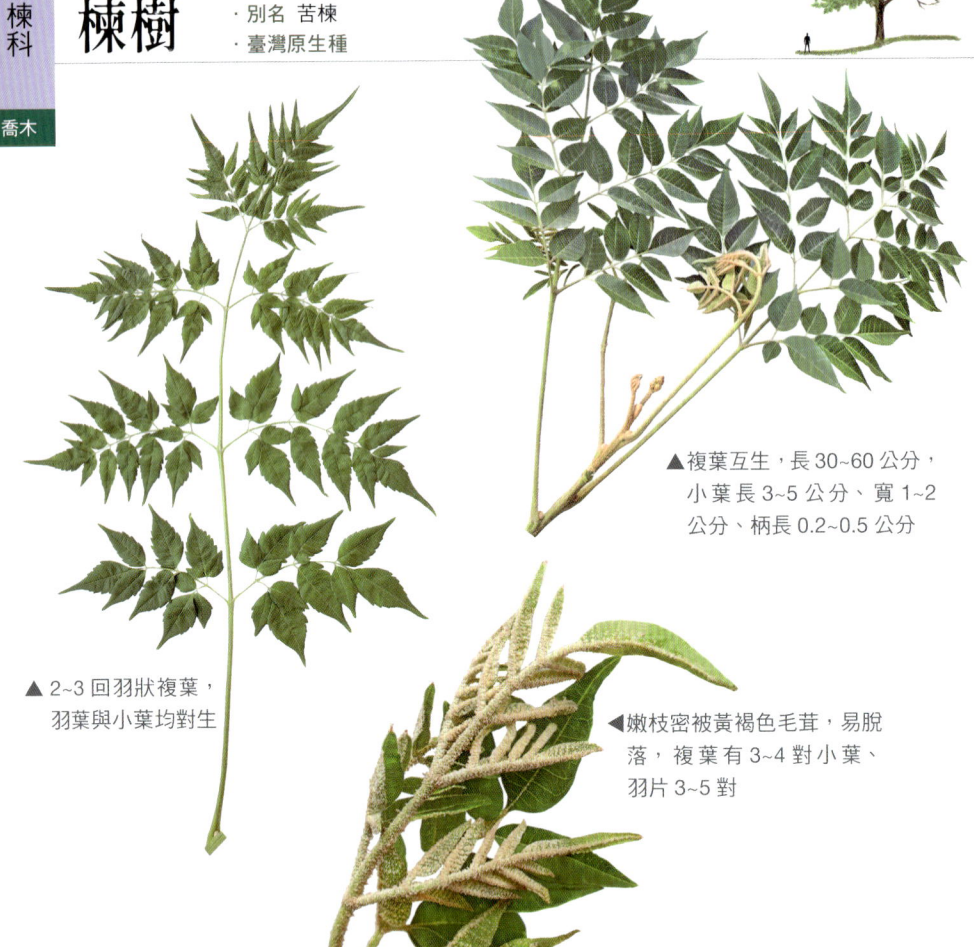

▲ 複葉互生，長 30~60 公分，小葉長 3~5 公分、寬 1~2 公分、柄長 0.2~0.5 公分

▲ 2~3 回羽狀複葉，羽葉與小葉均對生

◀ 嫩枝密被黃褐色毛茸，易脫落，複葉有 3~4 對小葉、羽片 3~5 對

▼ 寒冬落葉前葉色變黃（臺中中科林厝公園）

▼圓錐花序腋出，長 10~25 公分

▲花冠徑 1.4~1.8 公分；5 花瓣，10 雄蕊，紫色花絲連成筒狀

▼花淡紫灰、紫或暗紫色，圓錐花序腋出

▼白花苦楝（臺中市環中路三段龍洋橋）

161

棟樹

喬木

棟樹

喬木

▲乾熟果實與種子

▶核果球形至橢圓形，徑約 1.5 公分

▼落葉中至大喬木，花期 3~4 月，新葉長出之同時開花（彰化大肚溪棒壘球場）

▼花具芳香（臺中張廖家廟）

◀10~12 月果熟、黃褐色，落葉期，果實掛滿樹上

163 紫葳科 喬木

- 學名 *Jacaranda mimosifolia*
- 原產地 巴西、秘魯

藍花楹

翅翼

◀羽狀複葉有小葉 15~30 對，中軸具狹翅翼，小葉對生或互生

▲複葉有 10~20 對羽片，小羽片對生

4~5 月盛花（臺中中科通山公園）

落葉喬木（嘉義盧山橋藍花楹隧道，吳昭祥拍攝）

▲小葉長約 0.6 公分、寬約 0.25 公分，葉背灰綠色、細格網脈明顯

164

藍花楹

喬木

▼2回羽狀複葉對生

▶頂生圓錐花序，長20~25公分，藍紫色花

◀花兩側對稱，長管喇叭狀，花冠徑1~1.5公分，長4公分

▼果熟自動開裂，內有許多圓形種子

種子

▼種子徑0.7公分，四周有一圈環形薄翅

◀扁餅狀蒴果，闊卵形至圓形，果徑5公分

- 學名 *Solanum wrightii*
- 英名 Giant star potato tree
- 原產地 巴西

大花茄

茄科

喬木

▲單葉互生，長橢圓葉，全緣波狀、粗疏鋸齒或羽狀缺刻

葉背

▲葉背密佈星狀毛茸

▲葉長約 30 公分、寬約 15~20 公分、柄長 5~10 公分

▼常綠小喬木，全株有毛，花期全年（南元休閒農場）

刺

▲葉背有刺

166

大花茄

喬木

▲花序腋出，花萼常具刺與毛茸

▼花初開深紫色、後轉淺紫、白色，同一花序有深淺不同花色

▲花冠5星形，花徑 5~8 公分

▲果徑約 5 公分

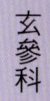

臺灣泡桐

- 學名 *Paulownia taiwaniana*
- 臺灣原生種

玄參科

喬木

▼落葉中～大喬木（臺中中科敬德護理之家）

▼2~4月落葉時開花，花後才長新葉片，花具芳香（東海大學）

▼單葉對生，全緣、偶有掌狀3~5淺裂

▶葉長10~30公分、寬8~30公分、柄長5~15公分

▼葉基5~7出脈

▶葉背毛茸

◀葉面毛茸

臺灣泡桐

喬木

▼嫩枝葉密被毛茸

▲蒴果長橢圓形，嫩果佈毛，長3.5~4.5公分、寬2公分，端尖嘴

◀9~12月果熟、2裂

◀聚繖花序集生成圓錐花序，花序長30~80公分，頂生

▼花冠先端膨大，5裂，兩側對稱，淡紫色，具深紫色斑點，內面冠喉黃色，花冠圓筒狀鐘形，長5~10公分，花具長冠喉，冠筒基部狹細，花冠外側被毛；花萼密被黃褐色毛茸而呈黃褐色

▶花後才長新葉片

白色花

夜合花

- 學名 *Magnolia coco*
- 英名 Coco magnolia
- 別名 夜香木蘭
- 原產地 中國、越南

木蘭科 / 喬木

▼單葉互生，葉背色較淺

葉面

◀葉長 12~20 公分、寬 4~6 公分、柄長 1~2 公分

▲葉背網格脈

▼花單立腋生，花冠徑約 4 公分，5~8 月盛花期，具芳香

▼白花外有綠色、光滑之萼片 3 枚，厚實花瓣 6 枚，2 輪包裹狀

▲花不完全展開，下垂狀

常綠小喬木（田尾菁芳園）

▼英名及學名有 Coco，因花苞似可可椰子

171 木蘭科 喬木

- 學名 *Magnolia grandiflora*
- 英名 Southern magnolia
- 原產地 北美洲東南部

洋玉蘭

▲單葉互生，枝梢頂芽長 2 公分，嫩枝、葉芽與葉柄密佈金鏽色柔毛，枝節具環痕

枝梢頂芽

▲葉面暗綠，葉長 15~20 公分、寬約 6 公分、柄長 1.5~3 公分

▲葉片兩面顏色顯著不同，葉背密佈黃褐之鏽色柔毛

◀葉硬革質，葉背與柄密佈毛茸

臺中市松竹路三段

為全球著名花木（日本京都御院）

臺中市府會園道

172

洋玉蘭

喬木

▼花苞待綻放

▼花朵中央密集著生的雌蕊群尚在，其下方多數花絲已脫落

雌蕊
雄蕊

◀花冠徑20~30公分，6~12 花被

常綠大喬木
(東海大學語文館)

種子

▶果熟自動開裂，露出紅艷種子

比較葉背金褐色植物

▼秋天果熟轉紅，長 8~15 公分、寬 5 公分

▼蓇葖果之集生果，外被毛茸

金新木薑子　　洋玉蘭　　星蘋果

- 學名 Michelia alba
- 英名 White champaca
- 別名 玉蘭花、白蘭花
- 原產地 東南亞

白玉蘭

木蘭科

喬木

▼金門

▼單花腋生

行道樹
（臺中市崇德 12 路）

常綠中喬木
（臺南山上花園水道博物館）

▼修剪成低矮叢生樹型，易摘花聞香
（成美文化園區）

白玉蘭

喬木

泛稱玉蘭花的香花植物，採未全綻放的香花販售

▶ 中央高突的是雌蕊群，其下方被雄蕊群包圍，花無瓣萼之分，統稱花被，8~15 片

雌蕊群

雄蕊群

托葉

▲ 單葉互生，葉長 18~30 公分、寬 7~10 公分、柄長 3 公分。枝梢頂芽被托葉包裹，易早落，於枝節留環痕，嫩葉背佈毛茸

與黃玉蘭比較： 較之黃玉蘭，其毛茸非金黃色，葉柄基部與花芽分離後，會留下芽痕，白玉蘭較黃玉蘭短

▼ 白玉蘭

葉芽

環痕

芽痕

花芽

▲ 花色較黃的是黃玉蘭

- 學名 *Michelia compressa* var. *formosana*
- 臺灣原生種

烏心石

木蘭科

喬木

▲每一果內有紅色種子 2~3粒，果期9~11月

▲9~12瓣萼不分，花絲基部泛紅

▲8~15蓇葖果各自分離，僅於基部相連，綠果有凸出白色斑點

▶枝梢芽鱗密被茶褐色毛茸，枝節具環狀托葉痕

常綠中至大喬木，生長緩慢（臺中麗園公園）

▲花具香氣

◀單葉互生，葉長7~10公分、寬2~3公分、柄長約1公分，葉背色稍淺

蘭嶼烏心石

- 學名 *Michelia compressa* var. *lanyuensis*
- 別名 大葉烏心石
- 臺灣特有種

▲ 單葉互生，枝節環痕明顯，葉長 5~8 公分、寬 3~4 公分

▶ 嫩芽密佈金褐色毛茸

▶ 葉背色較淺

◀ 嫩枝與芽之毛茸較金黃亮麗

環痕

▲ 蘭嶼烏心石與烏心石之葉片差異，除葉較寬闊、葉兩面色彩差異亦較明顯，葉背色明顯較淺

▶ 常綠喬木（臺中敬德護理之家）

蘭嶼烏心石與烏心石

項目	蘭嶼烏心石、大葉烏心石	烏心石
葉長寬比	2倍，葉較寬闊	3-4倍，葉較狹長
葉質地	厚革質	革質
葉端	鈍圓	漸尖
花絲、花被基部泛紅	無	有

177 蘭嶼烏心石 喬木

▼花香

▼花苞密被金褐色毛茸

▼蓇葖果長約1公分，綠果散生白斑

◀花被 9~12，雌雄蕊數多

▲每1果內有 2~3 粒紅色種子

▲果熟，頂端開裂

南洋含笑

- 學名 *Michelia pilifera*
- 英名 South-sea michelia
- 原產地 爪哇

木蘭科 喬木

▼單葉互生，葉背色較淡，中肋、葉柄與枝條均密被淡褐色毛茸

▶枝梢細長葉芽、腋部圓胖花芽，均密被金褐色毛茸

葉芽

花芽

▶葉長 10~20 公分、寬 4~8 公分、柄長 2~3 公分

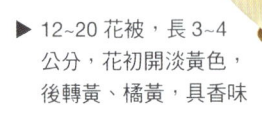

臺中民俗公園

◀花蕾含苞待放，綻放後花瓣、雄蕊易脫落

雌蕊

雄蕊

▶12~20 花被，長 3~4 公分，花初開淡黃色，後轉黃、橘黃，具香味

◀黃色雄蕊數多、基部淡紫色，中央綠色雌蕊高挺

彰化北斗 傳世御花園

常綠中喬木（南投中興新村）

第倫桃

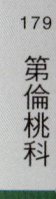

- 學名 *Dillenia indica*
- 英名 Elephant apple
- 原產地 中國、熱帶亞洲

第倫桃科　喬木

◀ 葉背中肋與葉柄佈毛

▲ 單葉互生或叢生枝梢，葉長 25~35 公分、寬 10~15 公分、柄長 5~10 公分

樹幹薄皮脫落（中興大學）

◀ 羽狀側脈 30~40 對、整齊平行，羽脈直通至葉緣鋸齒端

▼ 臺北花博公園新生園區

▼ 半落葉 小～中喬木

第倫桃

喬木

▼花朵著生於樹冠枝葉下方，花期短、果期長

▲花單立腋生，花徑 15~25 公分，5 瓣白色。雄蕊數多、基部合生，中心之柱頭數多、瓣狀如菊花狀展開

▲落果滿地，勿於樹冠下逗留，免被不預期掉落的果實砸到（臺北花博公園新生園區）

▲果實外具多層肉質肥厚萼片，果熟有特殊氣味

▶果實成熟期長，常掛樹上

- 學名 *Dillenia philippinensis*
- 英名 Philippines simpoh
- 別名 菲島第倫桃
- 原產地 菲律賓

菲律賓第倫桃

第倫桃科

喬木

◀ 葉長 12~25 公分，緣粗鋸齒

▶ 花瓣分離、花蕊偏紅色

▲ 花單生於近枝梢的葉腋，花徑 12~20 公分

常綠小喬木（新加坡植物園）

屏東辜嚴倬雲植物保種中心

薔薇科 喬木

臺東石楠

- 學名 *Photinia serratifolia* var. *ardisiifolia*
- 臺灣特有種

▼修剪成灌木，嫩葉色紅

臺中文修公園

臺中豐年公園

▲嫩枝葉微毛

◀常綠小喬木（田尾宏維園藝）

▶葉長倒卵形，長7~10公分、寬2~3公分、柄長1~2公分，葉背色淺

硬尖刺

183

臺東石楠

喬木

◀枝條有尖刺
（陳佳興拍攝）

葉面

葉背

托葉

▲嫩枝葉紅，葉僅上部稀疏鋸齒或淺鋸齒

▲臺中文修公園

臺東石楠

喬木

▼單葉互生，葉背色淺，亦有全緣葉

枝條皮孔明顯

◀花萼鐘形，外被毛茸

▶花徑不及 1 公分

▶頂生聚繖花序、長 6~8 公分，花期 2~3 月

▼果紅熟期 10～翌年 1 月

花萼

▲梨果球形，徑不及 1 公分，端具殘存花萼

- 學名 *Photinia lucida*
- 英名 Taiwan Photinia
- 臺灣原生種

臺灣石楠

薔薇科

喬木

▼葉長8~12公分、寬3~4.5公分

▼單葉互生，倒卵或長橢圓葉

▼葉背細部

▼葉細鋸齒緣為硬細刺狀

落葉小喬木
（臺中科博館植物園／中部低海拔區）

臺灣石楠 喬木

▼枝條有凸起的皮目　　▼新葉滿佈毛茸

皮目

▶花萼滿佈毛茸

▶果實具觀賞性，核果，徑不及 1 公分，
果熟各階段之色彩不同，熟果紅色

▼花徑不及 1 公分

▲聚繖花序頂生，3~4 月為主要花期

臺東石楠、臺灣石楠差異

項目	臺東石楠	臺灣石楠
葉	長 7~10 公分，寬 2~3 公分	長 8~12 公分，寬 3~4.5 公分
	嫩葉芽色紅、微毛	嫩葉毛茸多，葉細鋸齒緣為硬細刺狀
枝	有刺	無刺、皮目明顯
花期	2~3 月	3~4 月

187

薔薇科

喬木

紫葉李

- 學名 *Prunus cerasifera* 'Atropurpurea'
- 園藝栽培種

▼單葉互生，枝葉均為紫紅色

▼花淡粉白色，徑 2~2.5 公分、雄蕊 25~30，花絲長短不等，不規則排成 2 輪，花期 4 月

▶單葉橢圓或卵形，長 3~6 公分、寬 2~3 公分、柄長約 1 公分，圓鈍鋸齒緣或混有重鋸齒

▶核果近球形或橢圓形，徑約 2~3 公分

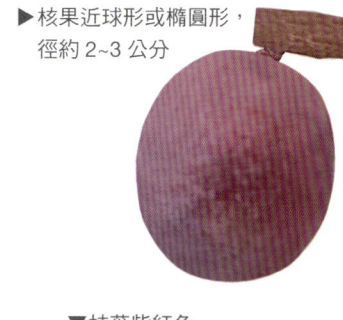

▼枝葉紫紅色

▼落葉小喬木，又稱櫻桃李

薔薇科 喬木

梅

- 學名 *Prunus mume*
- 英名 Chinese plum
- 原產地 中國

▼新葉紅，葉長 4~8 公分、寬 2~4 公分、柄長 1~2 公分

◀葉基、柄具腺體

腺體
托葉

▲單葉互生，披針形托葉與卵形葉，緣均具細鋸齒，葉端鈍圓具長尖尾，葉基有腺體

▲綠果需醃製

南投柳家梅園

落葉小喬木，花綻放於落葉期
（臺中都會公園）

▼花單立，或雙出、3朵叢生，腋出

▼冠徑1.5~2.5公分，5單瓣，瓣端圓形

梅

喬木

▲花期12月至翌年2月

▲白寒梅

▲香水國梅

薔薇科 喬木

李

- 學名 *Prunus salicina*
- 英名 Plum
- 原產地 中國

▶ 幹面易長地衣（東勢林場）

◀ 單葉互生，葉倒披針形，長 6~10 公分、寬 2~4 公分、柄長 1.5 公分，葉柄上部有 2~5 腺體

南投暨南大學

落葉小喬木，落葉時開花（東勢林場）

191

李

喬木

花期 2~4 月（東勢林場）

▼花徑 1.5~2 公分

▲花單立，多 2~3 朵簇生

▲經濟果樹，品種多，果實各異

薔薇科 喬木

梨

- 學名 *Pyrus serotina*
- 英名 Pear
- 原產地 中國

▼花期春季

▲繖房花序

▶栽培品種多，果型各異

▲花冠徑 3~3.5 公分，5 單瓣

落葉喬木，盛花期全株都是花朵（中興大學）

▼單葉互生，葉卵橢圓或闊卵形，葉長 6~10 公分、寬 3~5 公分、柄長 5~10 公分

- 學名 *Albizia lebbeck*
- 英名 Siris tree, Woman's tongue tree
- 原產地 熱帶亞洲與澳洲

大葉合歡

豆科

喬木

▶ 2 回偶數羽狀複葉，羽片 4~8 對，羽葉有小葉 6~12 對，均對生

◀ 小葉的葉基歪，長 3~5 公分、寬 1.5~2 公分、柄長 0.1~0.2 公分

◀ 羽葉有睡眠運動，不僅於傍晚閉合，大風雨時也會合攏

▶ 新嫩枝葉密被毛茸

▼ 落葉喬木，春天發新葉

樹冠開展（臺中水堀頭公園）

194

大葉合歡

喬木

▼莢果闊扁帶狀，長 20~30 公分、寬 3 公分

▶小羽片基部肥大，有葉狀物著生，葉軸有腺體

腺體

◀花期 5~8 月，頭狀花序腋出，花序徑 4~5 公分

▼花瓣不明顯，多數雄蕊放射狀直出，花絲細長，上部黃綠，下部黃白色

▲落葉期滿樹乾枯果實

195 豆科 喬木

- 學名 *Bauhinia variegata* 'Candida'
- 英名 White orchid tree
- 別名 白花洋紫荊
- 園藝栽培種

白花羊蹄甲

◀葉基心形、端凹入心形，2 裂片、端鈍圓或稍尖

▶最上方的花瓣較闊

◀落葉小喬木，花常於新葉長出前綻放

▶白花瓣背中肋具綠黃色縱走條紋，3 月開花

- 學名 *Lysiloma watsonii*
- 英名 Feather bush
- 原產地 南美

羽毛樹豆

▶半落葉小至中喬木（臺北植物園）

▲ 3~6 月開花，頭狀花序頂生

▶ 2 回羽狀複葉、互生，6~8 對羽葉，20~25 對小葉，均對生，葉片細小，整體似羽毛，故名之

西洋接骨木

忍冬科 / 喬木

- 學名 *Sambucus nigra*
- 英名 Black elderberry
- 原產地 歐洲、北美洲

▼原產於歐美，相當耐寒（北歐）

▶葉背佈毛茸

腺體

▲葉緣鋸齒端有腺體

▶1回奇數羽狀複葉，小葉對生，葉背色淺

▲複葉對生，小葉長 4~10 公分、寬 2~3.5 公分

半落葉小喬木（菁芳園）

▼一年四季常見開花、僅寒冬較少（田尾豐田景觀苗圃，陳佳興拍攝）

197 西洋接骨木 喬木

◀漿質核果，果熟由紅轉黑紫色，下垂狀（新社薰衣草花園）

▶圓錐狀聚繖花序，白花，凋謝時轉淺黃

◀花冠 5 深裂，5 雄蕊著生於花冠、與裂片互生

▶花期頗長

▼花序徑可達 20 公分，頂生

黑葉接骨木　*Sambucus nigra* 'Black Lace'

▼葉色紫黑

▶花序碩大

珊瑚樹

- 學名 *Viburnum odoratissimum*
- 英名 Sweet viburnum
- 別名 山豬肉
- 臺灣原生種

▼單葉對生，葉長 6~10 公分、寬 1.5~2.5 公分

▼觀果期 4~7 月

▲葉背中肋與羽側脈腋有腺窩

腺窩

▶脈腋腺體明顯

腺體

常綠小喬木
（北斗家商）

▶ 2~4 月開花

▼ 果實成串下垂，白花紅果均具觀賞性

199 珊瑚樹 喬木

▲ 萼壺狀筒形，長約 0.4 公分，緣為極淺之 5 裂

▼ 白花，短鐘形，5 雄蕊著生於冠喉、挺出花外

▼ 圓錐狀聚繖花序頂生，花枝色紅

◀ 紅果狀如紅珊瑚珠串，故名之

▲ 核果卵橢圓形，長約 1.6 公分、徑 0.5 公分

臺灣蝴蝶戲珠花

- 學名 *Viburnum plicatum* var. *formosanum*
- 英名 Tomentose Japanese snowbell
- 別名 臺灣蝴蝶花
- 臺灣原生種

▼單葉對生，葉長 10~15 公分、寬 5~8 公分，紙質，葉緣粗鋸齒

▲枝葉均佈毛，葉側脈直至鋸齒端

▲紅嫩葉背密佈毛茸，葉柄長 1~2.5 公分

▲葉背佈毛、緣尖綠

▼花期 4~6 月，適中海拔 (杉林溪)

◀落葉小喬木，8~9 月賞紅果 (杉林溪)

▼花序徑 5~10 公分，4~6 朵白色、大型不孕花，花冠徑 4 公分，不整齊 4~5 裂

201 臺灣蝴蝶戲珠花

喬木

▲果熟轉紅色，果徑約 0.5 公分

不孕花

▶花序中央為可孕花，徑約 0.3 公分，黃白色

可孕花

▶群花盛開

天料木

- 學名 *Homalium cochinchinensis*
- 臺灣原生種

大風子科 / 喬木

新葉

老葉

▲單葉互生，葉卵橢圓形，長 8~12 公分、寬約 5 公分、柄長約 0.3 公分，老葉紅褐色，枝梢新葉翠綠

秋季～初冬可賞花
（臺北市動物園、吳昭祥拍攝）

落葉喬木，落葉前葉色轉紅艷
（臺北植物園、吳昭祥拍攝）

▲葉背中肋與羽側脈色紅，網脈明顯，疏淺鋸齒緣

▲落葉前轉紅褐色

203 天料木 喬木

總狀花序腋生，花序長約 6 公分，下垂，花白至淡黃色（園采，吳金治拍攝）

▶花期頗長，冬季落葉期少花（吳昭祥拍攝）

◀6~8 花瓣，線狀長橢圓形，長約 0.5 公分，雄蕊 6~8，花徑約 1 公分（吳昭祥拍攝）

▶吳金治拍攝

臺灣海桐

- 學名 *Pittosporum pentandrum*
- 英名 Fragrant pittosporum
- 別名 七里香、千里香
- 臺灣原生種

▲單葉互生，嫩枝被淺褐色毛

大灌木(大鵬灣)

▲葉長6~9公分、寬1.5~2.5公分、柄長1公分，全緣

常綠小喬木(臺中中科管理局)

▲葉背

海桐科　喬木

205

臺灣海桐

喬木

▶ 果熟自動開裂,露出紅色種子

▼ 果有2蒴片,種子外被黏質假種皮

種子

蒴片

▲ 9~10月果熟,球形蒴果、黃橙色,果徑約0.8公分

▲ 花冠徑0.5公分,花瓣、雄蕊各5

▲ 白花具淡香

▶ 頂生圓錐花序,長約5公分

▲ 秋季開花

魚木

山柑科 喬木

- 學名 *Crateva formosensis*
- 臺灣原生種

▲ 3出複葉互生，葉紙質，總柄長可達15公分

▶ 3出複葉交點處的葉背有附屬物

▼小葉徑8~12公分、柄短小，側邊2小葉歪基

▼新嫩葉背翠綠色

▶綠葉的中肋、小葉柄與總柄紫紅色

盛花時滿樹新嫩葉，花易凋謝，花期不長（成美文化園）

▼半落葉喬木，春萌發新嫩葉（成美文化園）

207

魚木

喬木

▼開花時，去年結的果實也成熟了

▶漿果球形或橢圓形，徑 3~4 公分，果柄長 5~7 公分

◀頂生繖房花序，蝴蝶喜愛

雌蕊　　雄蕊

▲雄蕊數多且長、暗紅色，瓣柄長、各花瓣分離

◀花初開至謝會稍變色，白、黃色

山柑科

喬木

加羅林魚木

- 學名 *Crateva religiosa*
- 英名 Sacred garlic pear
- 原產地 泛熱帶地區

▼掌狀複葉互生

▼多3出掌狀複葉

▼偶有小葉4~5，小葉長5~15公分、寬2~7公分、柄長0.5~1公分，薄膜質，全緣

▼落葉喬木（田尾）

臺北市溫州公園旁

▼花序徑 20~30 公分，花開至謝會變色

209 加羅林魚木

喬木

◀花謝前轉黃，花藥脫落

▼花初開色白

◀花期 4 月

加羅林魚木與魚木

植物	加羅林魚木	魚木
葉	中肋與葉柄綠色	中肋與葉柄紫色
花期	4月中~5月中旬	4月底~5月上旬、9月
賞花期	較長	較短
花瓣	各花瓣交疊	各花瓣分離，瓣柄較長
果實	圓，熟果外表散佈斑點	橢圓、尾突尖，熟果褐黃色

檉柳科 喬木

無葉檉柳

- 學名 *Tamarix aphylla*
- 英名 Athel tamarisk
- 原產地 歐亞大陸、非洲

▶ 花細小，白至淡粉紅色，5 單瓣，花瓣易掉落；5 細長雄蕊著生於花盤外側，與花瓣對生

頂生圓錐花序、長 6 公分

◀ 每年多次開花，冬天較少

▼ 葉極細小，僅 0.1 公分，枝條下垂，似木麻黃，但整株被有白粉般

▼ 常綠小喬木

- 學名 *Elaeocarpus argenteus*
- 臺灣原生種

腺葉杜英

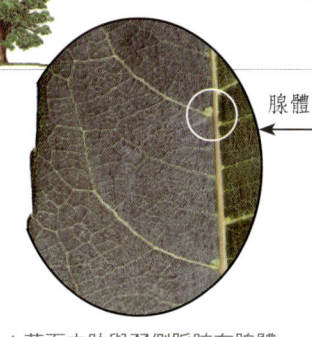

杜英科 喬木

腺體

▲ 葉面中肋與羽側脈腋有腺體

▼ 葉背脈腋有腺窩

◀ 單葉互生至叢生，與杜英葉片明顯差異為葉有腺體

▲ 葉革質，疏淺鋸齒緣，長6~8公分、寬1~3公分，柄長1.5~2公分、兩端稍粗肥膨大

◀ 新嫩枝葉泛紅、佈銀白毛茸

▼ 嫩果初形成，熟果碧藍色，果約1公分

▲ 白花，總狀花序頂出腋生，長約6公分，花徑不及1公分

▼ 常綠喬木，5~6月開花

▶ 花瓣端絲狀分裂，萼片披針形，雄蕊數近30。與杜英的花不同，其萼片為白、淺綠色

椴樹科 喬木

大花杜英

- 學名 *Elaeocarpus grandiflorus*
- 英名 Lily of the valley tree
- 原產地 印尼、印度至中南半島

▶新葉與老葉會轉紅，葉緣鈍鋸齒

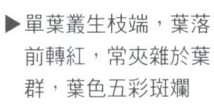

▶單葉叢生枝端，葉落前轉紅，常夾雜於葉群，葉色五彩斑斕

▼葉長10~15公分、寬2.5~3.5公分、柄長2~2.5公分，葉背主脈凸起、色淺

◀花蕾紅，每朵花有葉狀苞片

葉面　　葉背

▼常綠小～中喬木，開花期春末至夏季

▶枝梢新葉群亮黃、逐漸層次變色(中科)

▼花徑 3~4 公分，長花蕊數多、如針刺

213

大花杜英

喬木

▲總狀花序有 2~5 朵小花，每朵花有一小型葉狀苞片，5 橘紅萼片、5 白花瓣，瓣緣細裂，花序近枝端葉腋伸出，下垂

▼花謝後，子房漸肥大結果

▲綠果漸肥大

▲橢圓形藍綠色核果

◀ 4~7 月開花
（田尾鳳凰花園）

椴樹科 喬木

錫蘭橄欖

- 學名 *Elaeocarpus serratus*
- 英名 Ceylon-olive
- 原產地 印度與斯里蘭卡

▶果實 12~1 月成熟，核果橢圓形，約橄欖大小，長 3~5 公分，徑 2~3 公分，可醃製食用

◀果實有 1 種子，長橢圓形，具 3 縱裂淺溝與瘤點突起

▲小花幅射對稱，白色，斜下垂狀，花冠徑不及 1 公分，5 花瓣，瓣端粗絲裂，花盤腺體狀

▲總狀或圓錐花序，腋出或頂生，7~9 月開花

常綠中喬木（臺中豐樂公園）

▼葉基柄端有 2 附屬物

215

錫蘭橄欖

喬木

▲單葉叢生枝梢，枝梢泛紅，葉緣疏淺鈍鋸齒

▼常綠，一年四季落葉，老葉掉落前葉色多變化

◀單葉互生，葉長 10~20 公分、寬 4~8 公分、柄長 5~8 公分

椴樹科

喬木

杜英

- 學名 *Elaeocarpus sylvestris* var. *sylvestris*
- 別名 杜鶯、猴歡喜、膽八樹
- 臺灣原生種

◀花果並存

▲ 5 花瓣倒卵狀楔形，瓣端絲狀細裂，花冠徑約 1 公分，5 綠色萼片與花瓣間生

常綠中喬木
(臺中市文化部文化資產園區)

新葉與落葉前葉色轉紅
(臺中市葫蘆墩公園)

▼花期 5 月中旬~7 月，總狀花序腋生，花序長 6~12 公分，花下垂

217

杜英

喬木

▼葉背色較淺

▼葉長約 10 公分、寬約 2 公分、柄長 1 公分

▲單葉互生至叢生枝梢，老葉與新葉均為紅色

▼枝梢葉色豐富

▲種子堅硬，表面凹凸不平，長 1.5~2 公分

▲老枝有明顯之葉柄脫離痕與腋芽

▲ 8~12 月果熟，橢圓卵形核果藍綠色，長 1.5~2 公分

▶葉緣疏淺鋸齒、齒端有深色突尖

公路局中工處
谷關工務段

梧桐

梧桐科 喬木

- 學名 *Firmiana simplex*
- 英名 Chinese parasol tree
- 別名 青桐
- 臺灣原生種

▶單葉叢生枝端，葉面徑10~25公分，掌狀 3~7 裂

▶嫩枝葉密披毛茸

▶幹面裂紋與突刺，枝綠色

▼嫩葉常 3 裂葉

▼嫩芽密披毛茸

落葉中喬木
（臺中張廖家廟）

219

梧桐

喬木

◀夏季果實逐漸成熟

▲蓇葖果扁平球形，徑 3~3.5 公分、長 6~7 公分，有網狀脈紋，心皮開裂呈葉狀

種子

▲果已乾褐，每室有球形種子 2~3，徑 0.5 公分

◀花蕾密被黃色星狀毛

▲圓錐花序長 15~40 公分，被黃色星狀毛，花數多，單性，雌雄同株同花序，白花泛紅，徑約 0.5 公分

▶葉基心形、掌狀脈 3~7 出，葉基與葉柄密被紫褐色毛茸

▶葉背密被毛茸

梧桐科 喬木

翅子木

・學名 *Pterospermum niveum*
・臺灣原生種

▶ 單葉互生，葉長 10~20 公分、寬約 5 公分、柄長約 1 公分，葉基歪心形，葉背密被銀棕色毛茸

▼ 花徑約 10 公分，花萼淡黃褐色

▼ 常綠、半落葉喬木(陳佳興拍攝)

▲ 木質蒴果，成熟 5 瓣裂，果長近 10 公分

- 學名 *Reevesia formosana*
- 臺灣特有種

臺灣梭羅木

梧桐科

喬木

221

▼單葉互生，葉背色稍淺

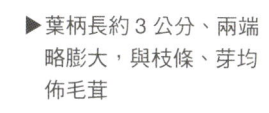

▶葉柄長約 3 公分、兩端略膨大，與枝條、芽均佈毛茸

樹幹的萌蘗
（臺中葫蘆墩公園）

落葉喬木，春季開花
（桃園市長庚養生文化村，黃崇義拍攝）

▶葉長 10 公分、寬 3 公分

◀葉脈

222 臺灣梭羅木 喬木

▼木質蒴果，密佈褐色毛茸，果徑 2~3 公分，具長柄

種子

▲果有 5 室，成熟開裂，薄片狀種子具翅

▶小花多且密集，排成聚繖狀繖房或圓錐花序、似繡球，頂生，花芳香（吳昭祥拍攝）

▶誘蝶植物（吳金治拍攝）

▲雄蕊花絲合生成雄蕊管包圍雌蕊，端為頭狀

◀5 白花瓣，長約 1 公分（吳昭祥拍攝）

223

蘭嶼蘋婆

梧桐科 喬木

- 學名 *Sterculia ceramica*
- 臺灣原生種

◀柄長 4~10 公分、兩端均肥大，葉背色稍淺

辜嚴倬雲植物保種中心

▲單葉互生，葉基心形，5~7 掌狀脈

▲長卵心形葉，紙質，全緣，長 10~16 公分、寬 7~10 公分

▼常綠小喬木

▼新葉紅

蘭嶼蘋婆

喬木

▶花期 12 月～翌 3 月，聚繖狀圓錐花序腋出，整個花序被毛

▶無花瓣，黃綠色花被、倒圓錐圓筒形，4~5 孔洞

▶蓇葖果 3~5，每個長 3~4 公分，被毛

▼歪卵狀，暗紅色，具短柄

種子

▶果熟自動開裂，內淡粉色，種子 1~2 粒，橢圓形、長約 2 公分

225

梧桐科

喬木

蘋婆

- 學名 *Sterculia nobilis*
- 別名 鳳眼果
- 原產地 中國、南亞

▼葉長 10~20 公分、寬 5~8 公分、柄長 2~5 公分，花序腋出或頂生

▲單葉互生，翠綠嫩葉中肋、羽側脈、葉柄、嫩枝均為紫紅色，被褐色星狀毛，葉柄兩端均肥凸

常綠小～中喬木
（彰化傳世御花園）

盛花期 4~5 月
（臺中敬德護理之家）

226

蘋婆

喬木

▼圓錐花序

▼花形似皇冠，徑約 0.9 公分，5 裂

▼果實 7~9 月成熟，蓇葖果木質，卵形，長約 9 公分、寬約 4 公分，外暗紅色，密被毛茸

▲果熟自腹縫線開裂，狀如鳳眼

▲果內藏種子 2~4，種子歪圓或橢圓形，徑 2~3 公分，著生於縫緣，熟暗紅至黑褐色

▲果實種仁富含澱粉及脂肪，可食

- 學名 *Adansonia digitata*
- 英名 Baobab, Monkey-bread tree
- 原產地 熱帶非洲

猴猻木

木棉科

喬木

▶幹基膨大，樹幹粗胖，內可貯水

寒冬，葉落光
（臺北市青年公園）

▼巴克禮紀念公園

落葉大喬木
（南元花園休閒農場）

行道樹(北投捷運站)

228

猢猻木

喬木

▲單1花柱、端彎曲，伸出雄蕊外，柱頭具 7~10 分岐

雄蕊

▲掌狀複葉互生，小葉 3~7

▶花中央的花絲數多，聚生呈圓形

▼幹面枝葉，小葉長 9~16 公分、寬約 5 公分，近似無柄

▲花朵乾燥後可做果材

▼滿樹的果實（張集豪拍攝）

▲花徑 15 公分，單花腋生，下垂，花梗長 60~100 公分（吳昭祥拍攝）

- 學名 *Ceiba pentandra*
- 英名 Kapok, Silk cotton tree
- 別名 吉貝木棉、爪哇木棉
- 原產地 熱帶亞洲、美洲與非洲

吉貝

木棉科

喬木

▼具明顯中央主幹，第一側枝向中央主幹輪生，樹形為尖層塔狀；老樹幹淺褐色，具大型明顯之板根（臺中進德護理之家）

▲複葉互生，總葉柄泛紅

▼落葉大喬木

◀小葉長 3~10 公分、寬 1~3 公分、柄長不及 0.5 公分

葉背

▼屏科大

▲掌狀複葉，小葉 5~9，具柄，多全緣

吉貝

喬木

▶幹枝硬尖刺，民眾碰觸部位需除刺

▼花單立或叢生，花瓣長 3~3.5 公分

▶枝刺

▼果熟自動裂開，露出棉絮

雌蕊

◀5花瓣、黃白色，內面光滑，5 雄蕊，花藥扭曲狀

▼ 11~12 月開花（臺中敬德護理之家）

▲花瓣外被細柔毛

231

白花美人樹

- 學名 *Chorisia insignis*
- 英名 White floss-silk
- 原產地 阿根廷

木棉科

喬木

◀ 綠色粗肥樹幹，幹面密生硬突刺

葉背　葉面

▲ 掌狀複葉互生，小葉 5~7 片，長約 7 公分、寬 2~3 公分、柄長 1 公分，鋸齒緣

花期 9~11 月，落葉喬木（臺中健康公園，邱聰智拍攝）

▲ 花冠徑 10 公分，5 瓣

▼ 花初開乳黃色，後變乳白

▲ 綠果

▶ 果爆裂散出棉絮

馬拉巴栗

- 學名 *Pachira macrocarpa*
- 英名 Malabar-chestnut
- 別名 大果木棉、美國花生
- 原產地 熱帶美洲

▼掌狀複葉，有 4~7 小葉，小葉不等長，全緣

▼嫩葉紙質、翠綠黃

▶幹枝綠色

葉面　葉背

▲小葉長 10~30 公分、寬 4~7 公分、柄長僅 0.3 公分

半落葉小喬木
(東海大學生命科學系館)

斑葉馬拉巴栗

馬拉巴栗　喬木

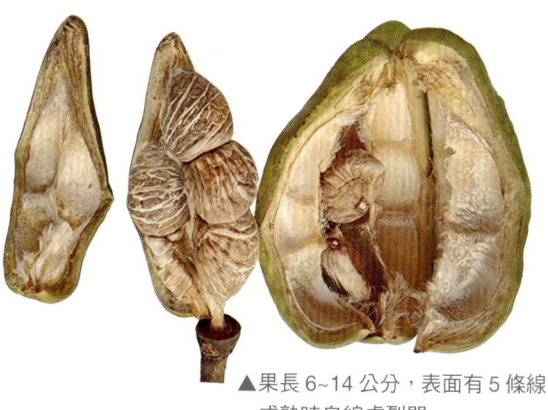

▲果長 6~14 公分，表面有 5 條線，成熟時自線處裂開

▲綠果轉黃、漸成熟中，果端稍尖

▲新鮮種子發芽快速

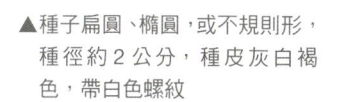

▲種子扁圓、橢圓，或不規則形，種徑約 2 公分，種皮灰白褐色，帶白色螺紋

▶花具短柄、雄蕊基部合生成單體雄蕊筒，5 裂，各束分裂為多數長短不同的花絲，花絲一天即落，5 淺黃綠色長帶狀花瓣捲曲

▼種在戶外全日照才會開花，花著生枝梢葉腋，花絲長約 15 公分，花徑超過 20 公分，具淡香

油桐

大戟科 / 喬木

- 學名 *Aleurites fordii*
- 英名 Tung oil tree
- 別名 光桐、三年桐
- 原產地 中國

◀ 柄端有 2 粒無柄、扁圓之腺體，會吸引螞蟻

▲ 新嫩葉佈毛茸、色泛紅，葉形多變，全緣或掌狀淺 2~5 裂

葉背　　▲ 單葉叢生枝端

▲ 葉長 8~20 公分、寬 6~15 公分，柄長 5~8 公分，葉基掌狀 5 出脈

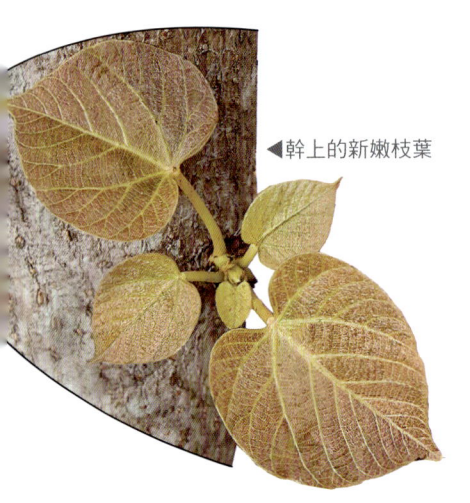

落葉小喬木，春天初發新葉、準備開花（東海大學音美館）

◀ 幹上的新嫩枝葉

▼雌花，花徑 2~3 公分，5~7 單瓣

▶幼嫩果黃綠色，近於圓形，果端有突尖

235

油桐

喬木

▲雌花已開始結果，白花，中央淡桃色、深紅條紋

◀果徑約 6 公分

▼3~4 月開花，圓錐花序頂生

▼雌雄同株異花，花序中雌花較少，雄花較多

大戟科
喬木

石栗

- 學名 *Aleurites moluccana*
- 原產地 亞洲熱帶與亞熱帶地區

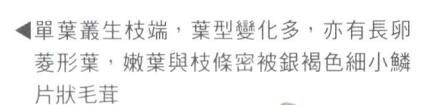

◀單葉叢生枝端，葉型變化多，亦有長卵菱形葉，嫩葉與枝條密被銀褐色細小鱗片狀毛茸

▲掌狀 3 裂葉

▲嫩芽密披黃褐毛茸

▲葉基 1 對無柄腺體

▲葉背毛茸

◀葉長 10~25 公分、寬 7~20 公分，柄長約 20 公分，掌狀 5 裂葉，老葉面較無毛茸

常綠中喬木（臺南安平）

▼新嫩枝葉密被褐色毛茸，遠看樹冠仿佛覆蓋一層薄薄的褐白霜（中正大學活動中心）

▼花瓣 4~5 分離，花冠徑 1~1.5 公分

▼圓錐花序頂生，花序長 12~15 公分，密被淡褐色毛茸

石栗

喬木

5~6 月開花
（臺中中科管理局）

▲種子徑 2 公分，堅硬如小石頭，丟在水泥地，會發出如石頭擲地的鏘聲，故名石栗

▼嫩綠果滿佈毛茸

▲核果不正扁球形，徑 4~7 公分，乾熟黑褐色

皺桐

- 學名 *Aleurites montana*
- 英名 Mu oil tree
- 別名 廣東油桐、千年桐
- 原產地 中國

▼掌狀 5 裂葉，葉徑約 20 公分、柄長 8~15 公分

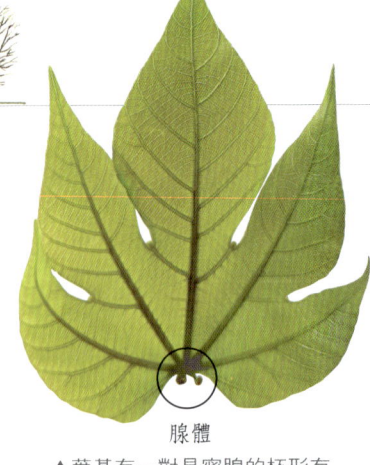

腺體

▲葉基有一對具蜜腺的杯形有柄腺體，新嫩葉面淺綠褐色

▼落葉中喬木，又稱五月雪，4 月下旬～5 月上旬盛花（苗栗卓也小屋）

▼早春 3~4 月，先開花後長葉

▲苗栗西湖渡假村(楊景仁拍攝)

239

皺桐

喬木

▼掌狀裂葉，各凹裂處有腺體

腺體

▲葉背毛茸密佈

葉背

▶花幅射對稱，花冠徑3公分，5瓣，白花、基部帶紅，雌花有3雌蕊、柱頭2裂

▼核果球形，果面有高突稜線與皺摺

▲總狀或圓錐花序頂生，滿滿的雄花

▼核果徑約5公分，有3縱稜

◀盛花時花數多

烏桕

大戟科 / 喬木

- 學名 *Sapium sebiferum*
- 英名 Chinese tallow tree
- 臺灣原生種

◀ 葉基 1 對腺體

葉面

▲ 葉菱形、全緣、葉柄端具一對腺體，葉長 5~9 公分，全緣

▲ 落葉前遇低溫，葉轉紅

▲ 幹深縱裂

▲ 單葉互生，新嫩葉泛紅

▼ 寒冬，落葉前轉紅
（臺中東大公園）

▼ 落葉中～大喬木，2~3 月落葉
（臺中中科橫山公園）

241

烏桕

喬木

▼蒴果近球形，具3溝，9~11月果熟，由青綠轉黑，徑約1公分

▲白色種子破殼而出，可當乾燥果材

▼雌雄同株異花，花單性，花序基部雌花的雌蕊3裂

雄花

雌花

葉背

▶長花序、雄花數多，雌花僅出現於下部

◀4~7月開花，葇荑花序頂生、下垂

森氏紅淡比

山茶科 / 喬木

- 學名 *Cleyera japonica* var. *morii*
- 英名 Mori Cleyera
- 別名 森氏楊桐
- 臺灣原生種

▼葉革質，全緣，羽側脈不明顯，枝葉多光滑無毛，葉背色淺。枝梢頂芽細長似榕樹，但無白乳汁

葉背　　　葉面

▲葉長 4~10 公分、寬約 4 公分，葉柄長約 1 公分，葉 2 面色彩有差異

臺北二二八公園

常綠小喬木
（臺中葫蘆墩公園）

243 森氏紅淡比 喬木

▼花單立、或2~4枚叢聚腋生

▼單葉互生，新嫩枝葉紅色

▼花徑約1公分，雄蕊多數，花柱頂端2~3裂，挺出於雄蕊外，花柄細長約1公分

▶5~6月開花，5花瓣、質厚，花香

◀果腋生，徑0.5公分

大頭茶

- 學名 *Gordonia axillaris*
- 英名 Fried egg tree
- 臺灣原生種

山茶科 / 喬木

▼老葉轉紅再掉落

▶單葉互生或叢生枝梢，新葉紅

常綠大灌木，花期11月～翌年2月（武陵農場）

常綠小喬木（臺中市中科敬德護理之家）

▶葉長8~10公分、寬2~3公分，柄長1公分，葉下部全緣，近葉端有數個鈍淺鋸齒，葉背色淺，葉脈不明顯

245

大頭茶

喬木

◀花單立、成對或叢生，腋出或近於頂生

▲5 單瓣，不整齊，花瓣基部相連，瓣端凹缺，花瓣邊緣微波皺，白花中心有許多金黃色雄蕊

▼花苞外有多層芽鱗包被，孕蕾期頗久，花已要綻放

芽鱗

◀綠嫩果長橢圓形，長 2.5~3 公分

◀木質化之硬蒴果，熟果褐色，胞背開裂 3~5 瓣

山茶科 喬木

木荷

- 學名 *Schima superba*
- 英名 Chinese guger-tree
- 臺灣原生種

◀單葉互生、叢生枝端，卵長橢圓形

▼花枝端腋生，花徑 4~5 公分，雄蕊數多、花藥黃色

▼葉長約 10 公分，寬約 4 公分、柄長 1.5~2 公分，疏淺鋸齒緣，葉面暗綠色，葉背蒼白色、兩面側脈均明顯

葉面　　葉背

▼常綠中～大喬木

247

- 學名 *Ternstroemia gymnanthera*
- 英名 Japanese ternstroemia
- 臺灣原生種

厚皮香

山茶科

喬木

▲葉長 4~8 公分、寬 1.5~2.5 公分，柄長 0.3~1 公分，葉脈不明顯

▲花期 4 月中旬~5 月中旬，5 花瓣、倒卵形，花冠徑 0.5~1 公分，具芳香，白花、黃色雄蕊

▼日本京都御院

▲單葉互生至叢生枝梢，葉柄泛紅

▶新葉紅

▼漿質蒴果，徑 1~1.5 公分，長 2.5 公分，卵球形，具短尖頭，果皮厚，初秋成熟時紅褐帶桔色

◀常綠大灌木或小喬木（臺中正心公園）

藤黃科　喬木

蘭嶼胡桐

- 學名 *Calophyllum blancoi*
- 原產地 臺灣蘭嶼

　　與別名胡桐的瓊崖海棠頗相像，瓊崖海棠的葉柄由基部向前端漸寬，總狀花序光滑，而蘭嶼胡桐的葉柄基部與前端同寬，圓錐花序上有鏽色毛。

葉面　　葉背

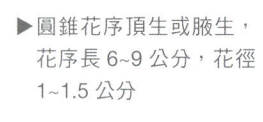

▲有許多細密、平行走向的羽狀側脈、垂直中肋

▼新葉紅

▶圓錐花序頂生或腋生，花序長 6~9 公分，花徑 1~1.5 公分

▲單葉十字對生，葉長約 8 公分、寬約 3 公分，柄長不及 1 公分（臺北植物園）

▲春開花

◀花

常綠小喬木（高雄衛武營）

▶樹幹

- 學名 *Calophyllum inophyllum*
- 英名 Alexandrian laurel
- 臺灣原生種

瓊崖海棠

藤黃科

喬木

◀ 有許多細密、平行走向的羽狀側脈，垂直中肋

◀ 葉柄佈淺褐色毛茸，有白乳汁

▼ 枝斷面流出黃乳汁

▼ 單葉對生，葉長 12~18 公分、寬 5~8 公分，柄長 1.5 公分

▼ 臺中市三民路行道樹

常綠中喬木(臺中中科管理局)

瓊崖海棠

喬木

▼總狀或圓錐花序、腋生，長 5~10 公分

▶新嫩葉紅，果熟轉紅褐色

▲花冠徑 2~3 公分，4 花瓣，小花具長梗

▼白花瓣，中央的黃色雄蕊環生一圈，花絲多數、基部合生，並與花瓣連生，子房紅球狀

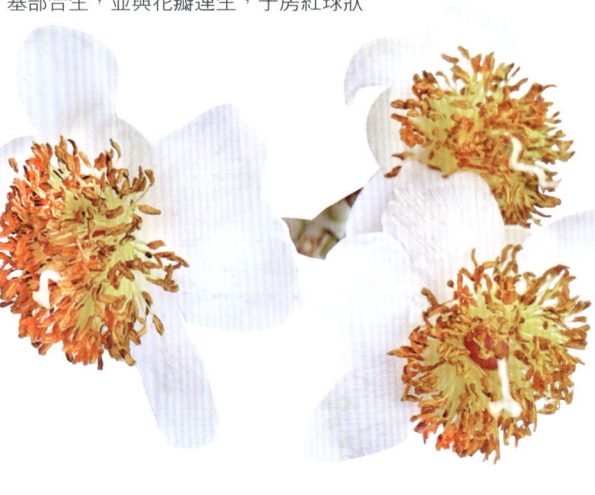

▼果內有 1 種子，具堅硬種皮

▼種子

▶ 11~12 月果熟、褐色，果梗長，核果球形，下垂狀，果徑約 3 公分

251 藤黃科 喬木

- 學名 *Garcinia subelliptica*
- 英名 Common garcinia
- 原產地 菲律賓、印度與錫蘭

福木

臺中歌劇院

樹型圓錐狀，具直立中央主幹（南投中興新村）

▼柄基部有鞘狀突起貼生枝條

▼臺北花博公園新生園區

▲ 5 單葉十字對生，葉厚實，葉脈不明顯，葉長 10~15 公分、寬 5~8 公分，柄長 1~2 公分

福木

喬木

◀ 花期 5~7 月，花單性，黃白色，叢生於粗枝或主幹，花梗短小

▲ 花苞羣枝幹生

▼ 8~9 月果熟，由綠轉黃，有異味

▼ 雄花，雄蕊 5 體，各有 7~10 花藥

▼ 漿果扁球型，果徑 4~5 公分

▼ 雌花有 5 膜質花瓣，綠色子房球形，花冠徑約 1 公分

253

賽赤楠

桃金孃科 / 喬木

- 學名 *Syzygium acuminatissimum*
- 臺灣原生種

◀ 樹皮灰褐色

▶ 新嫩葉色紅

▲ 單葉多對生，葉長約 6 公分、寬 2~3 公分，葉端長尖尾

常綠小至中喬木，株高可達 10 公尺（屏科大）

▼ 葉背可見葉緣的吻合脈

▲ 葉面

楊文化屏東高樹苗圃

254

賽赤楠

喬木

▼漿果,徑 1~1.5 公分,果熟色轉紫紅、暗紫紅

▲ 7~9 月結果

▼整株盛花(楊文化屏東高樹苗圃)

▲頂生圓錐狀聚繖花序,花具短梗,花萼筒倒圓錐狀,長約 0.3 公分,徑約 0.2 公分,花瓣 5,圓形,粉白色,長約 0.1 公分

▶春開花

檸檬桉

- 學名 *Eucalyptus citriodora*
- 英名 Lemon scented gum
- 原產地 澳洲

桃金孃科 / 喬木

▼脈上密生毛茸

▼幼年期葉

▼葉長卵形，較短胖，葉基盾狀

▲葉片富含油腺點，揉之有檸檬味，故名檸檬桉

▶老樹皮自動剝離，掉落滿地

金門機場

▼臺中文心森林公園

▼臺中中科東大路

▲常綠大喬木，植株直向上方縱向伸展

檸檬桉

喬木

▼ 單葉互生，葉長披針形，長 12~18 公分、寬 1~1.5 公分，柄紅褐色

葉緣吻合脈

▼ 花期 3~4 月

▶ 花萼裂片與花瓣連結為蓋，花綻放時先脫蓋

▲ 3~5 朵小花之繖形花序，再聚成圓錐花序，頂生，花冠徑 1~2 公分，花梗長 0.6 公分，花絲數多，開花時，花瓣自萼筒分離，只剩下一圈花絲

▶ 蒴果具半球形蒴蓋，乾熟時褐色，頂端開裂，蒴片 3~5，種子數多

▲ 果 5 月成熟，球狀壺形，徑約 1 公分

▲ 綠果轉熟時會脫蓋

257

桃金孃科

喬木

- 學名 *Eucalyptus deglupta*
- 英名 Rainbow eucalyptus
- 原產地 東南亞

彩虹桉

▼單葉對生

▶葉長可達 20 公分、寬 5~6 公分

葉面　葉背

▼花絲數多

▼新葉紅

▶常綠大喬木（田尾鳳凰花園）

◀樹幹色彩豐富

▼枝與葉柄具 4 稜

黃金串錢柳

桃金孃科 / 喬木

- 學名 *Melaleuca bracteata* 'Revolution Gold'
- 園藝栽培種

▶葉細柳葉狀，長約2公分、寬約0.2公分，薄革質，新嫩葉金黃色，老葉轉黃綠

▶樹幹縱裂

▲單葉叢生，葉色金黃、枝紅

常綠大灌木，全日照，葉色金黃亮麗（臺中中科台積電）

▼葉密佈腺體

▼半日照葉色偏黃綠（臺中市遠東街）

▼常綠小喬木（田尾民生路一段）

259 黃金串錢柳 喬木

◀▲ 蒴果 1~3 著生於幼枝，果徑 0.2~0.3 公分，褐色，種子細小

▶ 萼筒卵形，淡綠色，長 0.2 公分，端鈍，被毛茸，裂片三角形

▼ 花白或淡黃色，腋生，幾無柄，小花徑約 0.5 公分，雄蕊數多，花絲長不及 1 公分

▼ 4 月開花，花單生或 2~3 朵叢生，密集排列成穗狀花序，花序長約 4 公分

白千層

桃金孃科 喬木

- 學名 *Melaleuca leucadendra*
- 英名 Paper-bark tree
- 原產地 澳洲、印度、馬來西亞

▶ 葉似相思樹，但白千層的嫩葉有白色毛茸，且葉子整正、不歪斜；相思樹之葉片光滑無毛，呈彎曲之鐮刀狀

▲ 單葉互生，葉長橢圓形，葉面有平行縱走葉脈 3~7 條，類似相思樹葉片

◀ 葉長 5~10 公分、寬 1~2 公分，柄長 0.5 公分、泛紅

常綠中～大喬木（臺灣大學）

▼ 樹皮輕易可剝離

▼ 8~11 月為盛花期（臺灣大學）

▶ 白千層之名，乃因樹皮極多層、柔軟、富彈性，海綿質之薄層樹皮、色淺褐白（中興大學）

261

白千層

喬木

▼果熟木質化、半球形，徑約 0.3 公分

◀嫩枝葉密被銀白色毛茸

▲花兩性，整齊排列，花冠徑 1~2 公分，5 花瓣易早落，小花無梗

結果枝上方，於翌年持續綻放新花串

▲乳白色穗狀花序似瓶刷子，亦稱白瓶刷子樹

▶頂生之密穗狀花序，長 8 公分；白色雄蕊多數、5 束

番石榴

桃金孃科 / 喬木

- 學名 *Psidium guajava*
- 英名 Guava
- 別名 芭樂、拔那、拔仔
- 原產地 熱帶美洲、西印度

▼嫩枝葉密佈毛茸

▼葉長 10~12 公分、寬 4~6 公分，柄短小不及 1 公分長，被白短柔毛，新葉泛紅

▶幹面光滑，色淺褐白，老幹樹皮薄片狀剝離

▼樹型開展

▼常綠小喬木

263

番石榴

喬木

▼枝條具稜線，嫩枝葉亦會偏黃綠色

▲葉背密佈毛茸

▶漿果，型態與大小因品種而異

▲全年開花結果不斷，盛花期春天，花著生於新梢葉腋，單立或 2~3 朵叢生

▲花冠徑 4 公分，花瓣 4~5，花絲數多

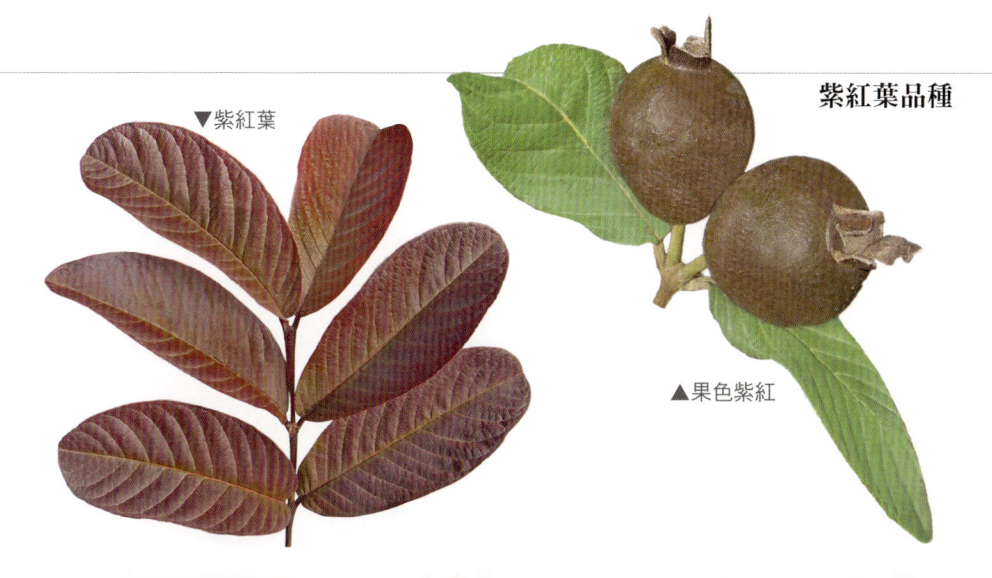

紫紅葉品種

▼紫紅葉

▲果色紫紅

澳洲蒲桃

桃金孃科 / 喬木

- 學名　*Syzygium austral*
- 英名　Tucker bush cherry
- 別名　澳洲蓮霧
- 原產地　澳洲

▲ 果色玫瑰紅，表面似被薄蠟質，長約 2.5 公分、寬約 3 公分

▲ 圓錐花序，5 瓣，頂生或腋生

▼ 花徑約 1.5 公分，雄蕊長 2 公分、數多，1 雌蕊

▲ 果可食用

◀ 單葉對生，葉綠富光澤，葉背色較淺，長約 10 公分、寬約 3 公分

▼ 新葉泛紅，色彩豐富

▼ 常綠小喬木

小葉赤楠

- 學名 *Syzygium buxifolium*
- 臺灣原生種

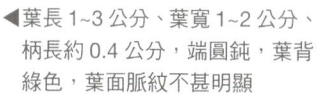

桃金孃科　喬

◀ 葉長1~3公分、葉寬1~2公分、柄長約0.4公分，端圓鈍，葉背綠色，葉面脈紋不甚明顯

▶ 葉面

▶ 透光看葉脈與油腺點

◀ 葉背

▼ 常綠小喬木

◀ 嫩枝葉紅，葉緣有吻合脈

▲ 常綠灌木、小喬木，新葉紅豔（潭子聯合辦公大樓）

小葉赤楠

▶ 球形漿果，冬季成熟，紫黑，紫紅色

▲ 果徑約 0.7 公分，端具有突出之萼緣，綠果漸轉紅

◀ 紫紅果，成熟轉紫黑

◀ 花徑不及 1 公分，雄蕊數多，花萼 4 裂、端紅

▼ 花期夏天，白花 3~5 朵成聚繖花序

- 學名 *Syzygium cumini*
- 英名 Jambolan, Java-plum
- 別名 菫寶蓮
- 原產地 印度、馬來西亞、澳洲

肯氏蒲桃

桃金孃科 喬木

▲紫黑熟果落地軟爛

落果滿地髒污地面
（臺中樂成公園）

▼結果期於樹冠下掛黑網，收集落果，免髒污地面（臺中樂成公園）

▲紅果隨成熟漸轉深紫

▼國道3號關西服務區

◀臺中樂成公園

▲常綠中喬木

268

肯氏蒲桃

喬木

▼葉兩面色彩有些差異

葉背

▶葉長 10~15 公分、寬 6~10 公分，柄長 2~5 公分

◀20~30 對羽狀側脈，近緣連接成曲狀吻合脈

◀單葉對生，新葉紅

▼花期 4~5 月，花冠徑 0.5 公分，雄蕊數多，著生於花盤邊緣

▶核果狀漿果，徑約 2 公分

◀果實成熟過程逐漸變色，紫黑色時可食

臺灣赤楠

- 學名 *Syzygium formosanum*
- 臺灣特有種

▼單葉對生，葉長約6公分、寬2~3公分、柄長不及1公分，葉背色較淺

▲葉面羽側脈多，散佈透光腺點，近葉緣有吻合脈

中正大學活動中心

◀新葉紅

常綠中喬木
（田尾菁芳園）

桃金孃科 喬木

臺灣赤楠 喬木

▼花徑 1 公分，花萼緣截形，4 花瓣、易早落

▼圓錐花序頂生、或腋生

▼綠果、紅熟轉紫黑色

▼漿果端有一圈突起，果徑約 1 公分

▼花期 4~6 月（菁芳園，巫鴻澤拍攝）

271

桃金孃科

喬木

蒲桃

- 學名 *Syzygium jambos*
- 英名 Rose apple
- 別名 香果
- 原產地 熱帶亞洲、東印度

◀ 透光清楚可見油腺點、葉緣之吻合脈

▼ 單葉對生，葉長 15~20 公分、寬 4~5 公分，柄長 1~2 公分

葉面　葉背

▼ 葉背色淺，葉緣吻合脈較明顯

常綠小喬木（臺中中科橫山公園）

▶ 葉與枝條均對生

272

蒲桃

喬木

▼果肉薄，鳥喜食

▲ 4月於花後開始結果至8~9月

▼果實狀似蓮霧，亦稱土蓮霧

◀果熟泛紅，可食

▶花瓣4，白色，花冠徑9公分

▲花瓣不明顯，黃白色花絲長4~5公分、數多，花香

▼ 2~4月開花，聚繖花序頂生，3~8朵成簇

- 學名 *Syzygium kusukusense*
- 臺灣特有種

高士佛赤楠

桃金孃科

喬木

◀ 單葉對生，革質，長約 8~14 公分、寬約 4 公分、柄長約 1 公分、綠或紫紅色，葉脈不明顯

▲ 5~7 月開花，花萼邊緣截形，白花，萼筒寬鐘狀，白色細長花絲數多

◀ 葉緣吻合脈不明顯

◀ 常綠小喬木，原生於恆春半島海岸闊葉林的特有種（百草谷，林德保拍攝）

▼ 新嫩果

◀ 花徑不及 1 公分，花梗短小

▼ 淺綠花苞，圓錐狀聚繖花序、多頂生（臺北植物園）

蓮霧

桃金孃科 / 喬木

- 學名 *Syzygium samarangens*
- 英名 Java apple, Wax apple
- 原產地 馬來西亞、爪哇

▼漿果扁倒圓錐形，頂端扁平，下垂狀，長 3~5 公分，果期夏天

▲單葉對生，新葉紅

▶常綠中喬木

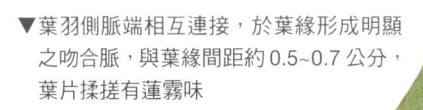

▼葉羽側脈端相互連接，於葉緣形成明顯之吻合脈，與葉緣間距約 0.5~0.7 公分，葉片揉搓有蓮霧味

◀葉長 12~28 公分、寬 4~10 公分，柄僅 0.5 公分長，葉背緣可見吻合脈

▶聚繖花序腋出，花冠徑 4~5 公分，淡黃白色

275

蓮霧

喬木

▲ 5~6 月開花，細長白色花絲、數多

▶萼淺盃形，端 4 裂，裂片扁圓形；4 花瓣，闊倒卵形，花柱細長

▼花、葉形似蓮霧，但較小　**一口蓮霧**

▲果小型、色紅艷

◀觀果

彩虹赤楠

- 學名 *Syzygium smithii* 'Variegata Minor'
- 園藝栽培種

桃金孃科 / 喬木

▲葉脈數多，近緣有吻合脈

葉背　　　葉面

▲單葉對生，新嫩枝葉紅色，而後葉色轉綠、緣黃斑

常綠彩葉小喬木（田尾合利園藝）

▲白花，花絲圍一圈著生

大花赤楠

- 學名 *Syzygium tripinnatum*
- 臺灣原生種

桃金孃科 喬木

葉柄極短

▶幼葉散生腺點，全緣，吻合脈明顯

▶單葉對生，新嫩枝葉翠綠黃

◀葉長約 10 公分、寬約 3 公分，柄極短

▶花萼端 4 紅色的半圓形裂片，花枝扁平狀

▲果端突起乃宿存花萼，果熟紫紅轉紫黑色（林德保拍攝）

▲果熟色鮮紅色、徑約 2 公分

▼花期 3~5 月，隨花朵綻放、花萼越加紅艷（百草谷，林德保拍攝）

▼4 橢圓形花瓣，長 1~1.5 公分，白色線形花絲、數多，長約 2 公分（百草谷，林德保拍攝）

▼常綠喬木

千屈菜科 喬木

九芎

- 學名 *Lagerstroemia subcostata*
- 英名 Subcostate crape myrtle
- 別名 猴不爬、拘那花、小果紫薇
- 臺灣原生種

臺中科博館

彰化北斗傳世御花園

落葉中喬木，1~2 月為落葉期，3 月萌芽，花期 6~8 月（臺中文心森林公園）

▼老樹之樹幹造型特殊，具特色者如自然天成之藝術品（臺中科博館）

▼常用做萌芽樁，乃以其枝幹打樁，可防土石崩落，是良好的水土保持植物

▶樹幹表面光滑，猴子爬上去也會溜下來，故名猴不爬

279

九芎

喬木

◀花冠徑 1~1.5 公分，6 花瓣，花瓣具細長柄，長 0.5 公分，瓣緣波浪狀捲皺；雄蕊數多，長短不一，有 5~6 枚特別長

▼圓錐花序長 15 公分、頂生

◀夏季開花

▲單葉互生且近於對生，長 3~5 公分、寬 2~3 公分，柄長 0.2 公分

◀11~翌 1 月果熟，蒴果長約 0.7 公分，熟茶褐色，胞背 3~6 裂

◀葉在枝條上排成 2 列狀，宛如複葉

指甲花

千屈菜科 / 喬木

- 學名　*Lawsonia inermis*
- 英名　Mignonette tree, Henna
- 原產地　北非、亞洲、澳洲

◀ 葉長約 4 公分、寬約 1 公分，柄長約 0.2 公分，新嫩枝紅色

▶ 單葉對生，葉身中間較寬、葉背色淺

▲ 圓錐花序頂生或腋生，長可達 30 公分，具芳香

▲ 花粉已爆開，花冠徑 1 公分，4 花瓣，捲曲皺摺，8 雄蕊伸出花冠外

◀ 子房轉紅色，小果已形成

子房

▲ 蒴果徑約 1 公分，成熟開裂，種子數多

▼ 紅果具觀賞性

花期夏季，常綠小喬木（臺中文修公園）

281 使君子科 喬木

欖李

- 學名 *Lumnitzera racemosa*
- 原產地 印度～西太平洋區

▼單葉互生、枝梢叢生，葉革肉質，葉脈不明顯、果實漸形成

▶葉長約6公分、寬約2公分，葉基漸俠，柄長約0.5公分；葉端鈍圓、微凹，葉兩面色差不明顯

▼紅樹林植物，在演化上已發展出抗鹽分逆境機制（大鵬灣）

▼常綠大灌木或小喬木（大鵬灣）

▼3~6月開花，滿樹小白花（北門水晶教堂周邊）

欖李

喬木

▶穗狀花序長2~6公分，頂生或腋出

◀小花6~12朵，下方先綻放，花序梗扁平，果實漸形成

▲花萼綠色筒狀，端有5齒狀裂片

▼5花瓣，10雄蕊、2列，花徑約1公分

▲花期3~6月

283

胡頹子科

喬木

- 學名 *Elaeagnus oldhamii*
- 英名 Oldham elaeagnus
- 別名 福建胡頹子
- 臺灣原生種

椬梧

▼單葉互生或叢生，葉長 3~4 公分、寬 1~2 公分，柄長 0.3 公分、表面有凹溝，枝葉密佈銀白痂鱗

◀幹面深縱裂

葉面　　葉背

▲葉兩面顏色明顯不同，葉背銀白色，佈痂狀銀白色鱗片，並混生褐色斑點

常綠小喬木
（口湖遊客中心）

▼常綠大灌木
（臺中中科林厝公園）

楂梧

喬木

◀綠果轉黃,再變紅豔,散佈銀白色鱗片物,果期6~翌1月

▼花冠4裂,具香氣,兩性花,4雄蕊,短花絲著生於冠喉,中央高突彎曲的是雌蕊

▲核果徑 0.5~1 公分

▶花期4~11月,花單立,或2至多朵簇生成總狀花序,腋生

285

紫金牛科

喬木

·學名 *Ardisia elliptica*
·英名 Ceylon Ardisia
·蘭嶼特有種

蘭嶼樹杞

◀嫩葉翠綠、老葉暗綠，葉長 6~10 公分、寬約 4 公分，柄極短，葉端鈍圓

▼常綠大灌木（大鵬灣）

▼常綠小喬木（臺中葫蘆墩公園）

▲單葉互生，葉革質至薄肉質，全緣，羽側脈不明顯，葉背色較淺

蘭嶼樹杞 喬木

▼花瓣粉白，花徑約 1 公分

▼花下垂，長不及 1 公分，腋生繖形花序，5 雄蕊，基部與花冠合生，花絲短小

▲果實有宿存花萼，均佈暗色斑點

▲漿果球形，徑約 1 公分，綠色轉褐黃、紅、紫紅至紫黑，葉背色較淺

◀斑葉蘭嶼樹杞，綠葉、緣黃斑（田尾豐田景觀苗圃，陳佳興拍攝）

蘭嶼樹杞與樹杞

蘭嶼樹杞與樹杞均為常綠喬木，葉、花、果的型態頗類似，不同如下：

植物	樹杞	蘭嶼樹杞
葉柄長	約 1 公分	極短或無
葉端	鈍	圓
花色	白	粉白或白
枝條與樹幹相接處腫大	明顯	不明顯

287

柚

芸香科 喬木

- 學名 *Citrus grandis*
- 英名 Pummelo
- 原產地 中國南部

▼單葉互生、單身複葉，刺長達 2~3 公分

◀葉長 10~16 公分、寬約 7 公分、柄長 3~4 公分，單身複葉、具廣闊翅翼，全緣

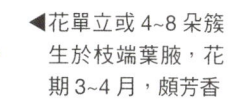

◀花單立或 4~8 朵簇生於枝端葉腋，花期 3~4 月，頗芳香

◀透光油腺點

▼白花蕾有淺綠腺點，花萼杯狀，端 4~5 齒裂

▲花冠徑 3~4 公分，花瓣 4~5，花中心 1 雌蕊、長約 1.8 公分，略高突，超過雄蕊群

▶常綠小喬木

◀柑果圓錐或洋梨形

▼柚子園（瑞穗）

馬蜂橙

- 學名 *Citrus hystrix*
- 英名 Thai lime
- 原產地 中國

▼斑葉馬蜂橙：單身複葉，葉翅翼較明顯，主葉較翼葉長 1~2 公分、寬 0.5~1 公分

▶葉背淺綠、密佈深色油腺點

◀葉搓揉具明顯檸檬味

▶葉面甚至葉緣均有油腺點，小葉柄與總葉柄之間有一個明顯的關節

289 馬蜂橙 喬木

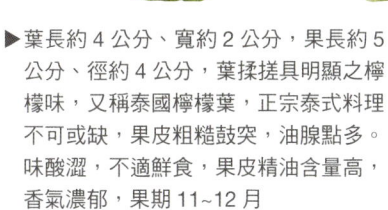

果實

▶葉長約 4 公分、寬約 2 公分，果長約 5 公分、徑約 4 公分，葉揉搓具明顯之檸檬味，又稱泰國檸檬葉，正宗泰式料理不可或缺，果皮粗糙鼓突，油腺點多。味酸澀，不適鮮食，果皮精油含量高，香氣濃郁，果期 11~12 月

◀花徑約 1 公分，具淡香（田尾菁芳園）

▲花蕾泛紫紅

▼常綠大灌、小喬木

檸檬

芸香科 喬木

- 學名 *Citrus limon*
- 英名 Lemon
- 原產地 馬來半島、印度

▶單葉互生，葉緣不明顯淺疏鈍鋸齒、小缺刻，葉散佈透光油腺點

▼葉背色淺，葉搓揉具明顯檸檬味

▶成株全年見果

▼常綠小喬木或大灌木

▲葉長約10公分、寬約5公分、柄長約0.5公分、翅翼不明顯

檸檬　喬木

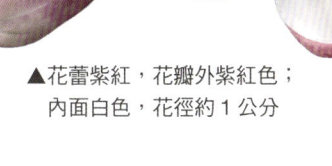

▲花蕾紫紅，花瓣外紫紅色；內面白色，花徑約1公分

▶雄蕊超過20，花藥長線形

香水檸檬
果肉味似檸檬，果皮具芳香，果長橢圓形、成熟轉黃，果皮較厚實。

▲葉翅翼小、葉背色淺，果實較長

▲花表面白色，背面淺紫紅

▲常綠小喬木

芸香科 喬木

橘子

- 學名 *Citrus sinensis*
- 英名 Sweet orange
- 別名 柑橘、桔子、甜橙
- 原產地 越南、印度西北、中國南部

◀ 單生複葉、互生，葉柄的翼葉狹小或只稍有痕跡，葉形與大小因品種而異

▼ 常綠喬木

▲ 葉搓揉有橘子味，不明顯的疏淺鈍鋸齒緣

▲ 葉長 4~10 公分、寬 2~4 公分，葉密佈透光油腺點

◀ 春天群花盛開，香氣四溢

293

橘子

喬木

▲雄蕊下部聯合直立、圈圍中央的雌蕊

▼柑果，品種頗多

▲花期春季

▶花單生或 2~3 朵簇生於葉腋，白花 5 瓣，花徑 1~1.5 公分，芳香

茂谷柑噴防曬

▼噴滿超微輕鈣的果園

▼茂谷柑屬於溫帶果種，難耐高溫炎陽，農民採用超微輕鈣的白色粉末，噴灑在果樹上，形成一層白色保護膜，防曬降溫

石苓舅

- 學名 *Glycosmis citrifolia*
- 臺灣原生種

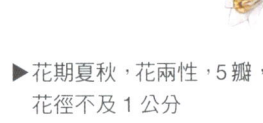

芸香科 / 喬木

◀ 單葉互生、葉長約 10 公分、寬約 3 公分、柄長約 1.5 公分

◀ 3 出複葉

▼ 白花、綠果

▶ 花期夏秋，花兩性，5 瓣，花徑不及 1 公分

◀ 橢圓形漿果，徑約 1 公分，熟時透明淺粉紅色，略甜可食

- 學名 *Semecarpus gigantifolia*
- 臺灣原生種

臺東漆

漆樹科

喬木

葉面

▲單葉互生、叢生枝端，葉形似芒果，但較長，可達 60 公分

▶葉長約 40 公分、寬約 10 公分，柄長 3~10 公分

◀細密葉脈

▶羽狀側脈 14~18 對，互相平行

花期 8~9 月（田尾）

葉背

常綠喬木（臺東富山國小富源分校）

296

臺東漆

喬木

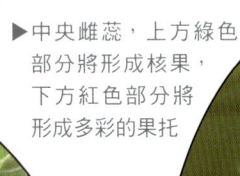

◀春天果熟，核果扁橢圓形，長 3 公分、徑 2 公分，其下有由花托發育而成的果托

果托
核果

▶果托徑 2 公分，初深綠色、後轉黃色，變紅色時最漂亮

▼碩大的圓錐花序、頂生

▶花徑不及 1 公分

▼花後隨即結出綠果

▶中央雌蕊，上方綠色部分將形成核果，下方紅色部分將形成多彩的果托

297

木犀科

喬木

紅頭李欖

- 學名 *Chionanthus ramiflorus*
- 臺灣原生種、蘭嶼

◀ 核果橢圓形，長約 2 公分、徑約 0.5 公分，綠果熟轉藍黑色

▶ 腋生聚繖花序；花序長 5~10 公分

▲ 花白，花徑約 0.4 公分，花冠深 4 裂，裂片長約 0.3 公分

▲ 花果常同時存在

▼ 常綠小喬木或大灌木

◀ 葉長 10~25 公分、寬 5~10 公分，柄長約 2 公分，新嫩葉翠綠色

▶ 單葉對生，葉背淡黃綠色

流蘇

- 學名 *Chionanthus retusus*
- 英名 Chinese fringe tree
- 別名 流疏樹
- 臺灣原生種

▼嫩葉背的中肋與羽側脈、以及葉柄均被覆毛茸

▲葉面之透光葉脈，葉端鈍或略凹

▶枝梢的芽、枝條與葉柄，均密佈褐色毛茸

▶單葉對生，葉長 6~12 公分、寬 3~6 公分、柄長 1~1.5 公分

葉背基部佈毛

▶葉形多變化

299

流蘇

喬木

▼果徑約1公分，綠果，熟轉藍紫黑

▼淺綠果有小白點

▼圓錐花序頂生

▼花徑約0.5公分，花冠4深裂、裂片狹長

4月白花滿滿綻放，如雪花覆蓋（臺灣大學）

落葉小喬木，花後長新葉（臺中文修公園旁漢翔路）

◀花線形裂片細緻如飾緣之流蘇，故名之

白雞油

木犀科 / 喬木

- 學名 *Fraxinus formosana*
- 英名 Griffith's ash, Formosan ash
- 別名 光臘樹、白蠟樹
- 臺灣原生種

▼葉背

▼葉背中軸2小葉著生處，似關節、色紫褐

▶獨角仙喜愛吸食樹液

▶1回奇數羽狀複葉，複葉與小葉皆對生，羽葉有小葉3~6對，小葉長3~6公分、寬1~2公分

▼常綠至半落葉中喬木

▲幹面有雲塊形的片狀剝落痕跡

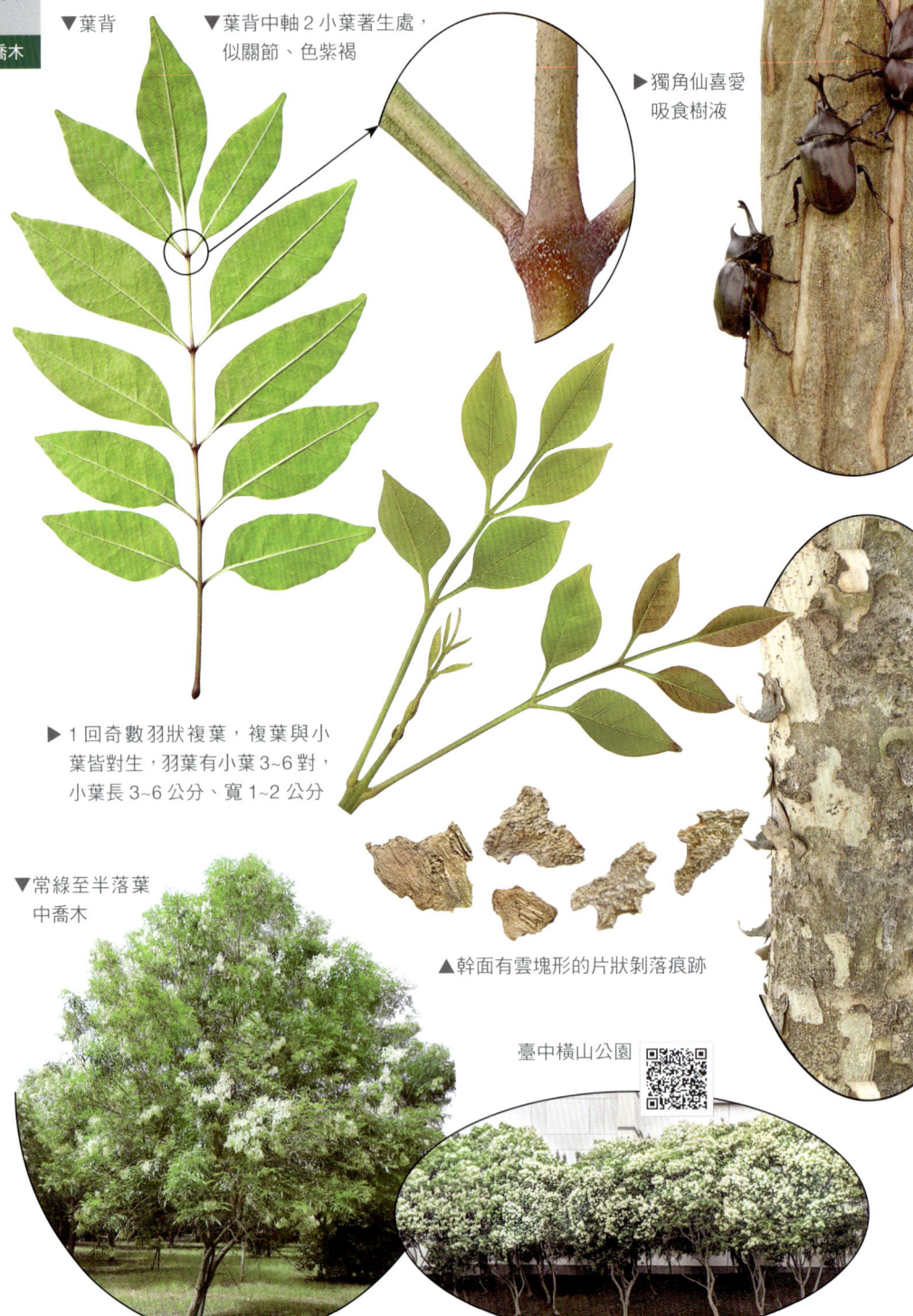

臺中橫山公園

301

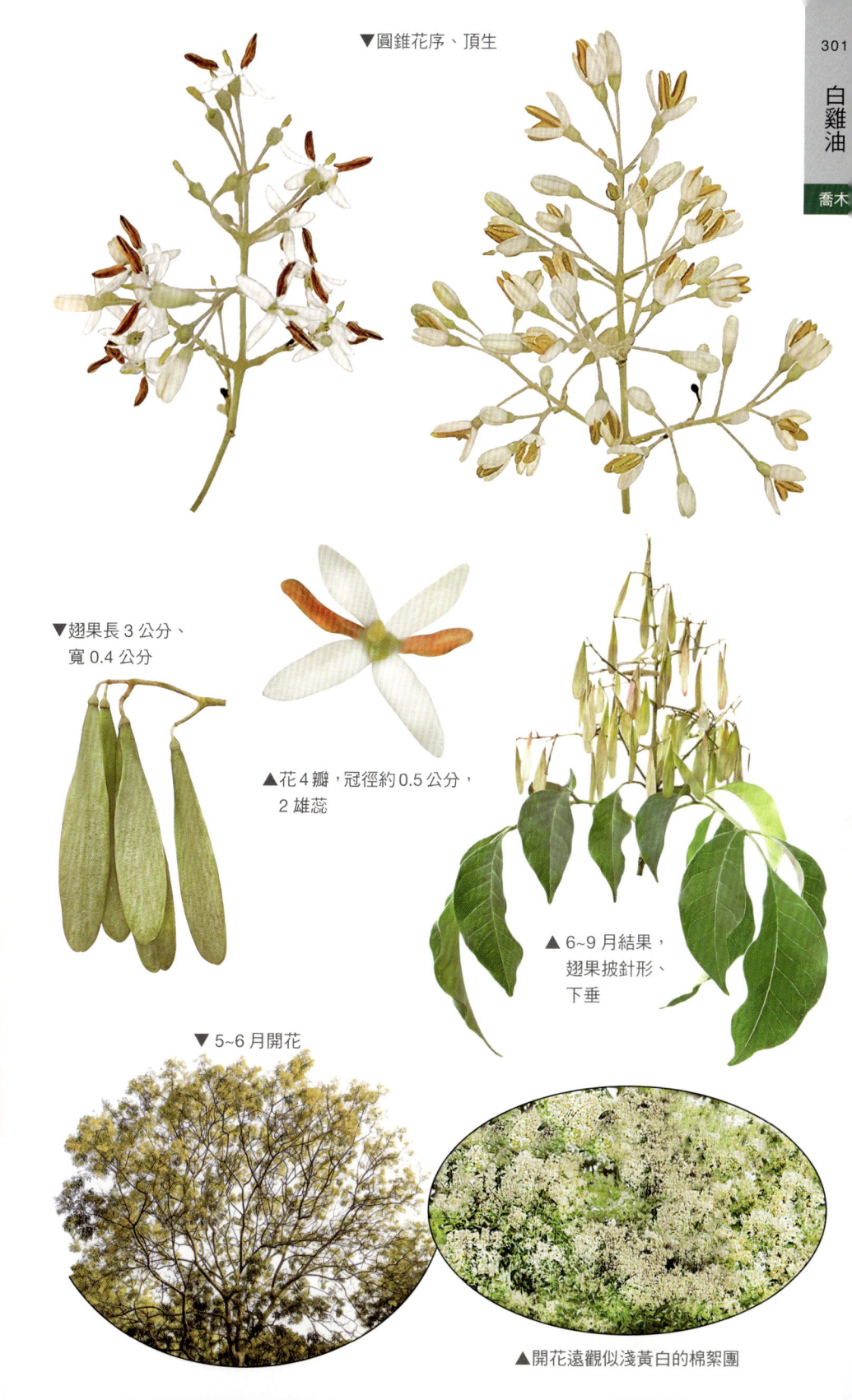

白雞油

喬木

▼圓錐花序、頂生

▼翅果長 3 公分、寬 0.4 公分

▲花 4 瓣，冠徑約 0.5 公分，2 雄蕊

▲6~9 月結果，翅果披針形、下垂

▼5~6 月開花

▲開花遠觀似淺黃白的棉絮團

海檬果

夾竹桃科 喬木

- 學名 *Cerbera manghas*
- 英名 Cerberus tree
- 別名 海芒果、山樣仔
- 臺灣原生種

▼ 內果皮纖維質，空室多，可海漂傳播下種

▲ 核果形似芒果，長 8~10 公分、徑 5~6 公分，有毒

◀ 葉面透光羽脈紋平行，近緣有吻合

葉背

◀ 葉長 15~25 公分、寬 4~8 公分，柄長 1~2 公分

▼ 單葉叢生，葉背色較淺

常綠小喬木，花期 5~11 月，夏季盛花期（北斗交流道）

303 海檬果 喬木

▼花心紅，5雄蕊

▲白花中心淡紅色、有毛

▼花冠徑 3~5 公分

▼聚繖花序頂生，花冠長漏斗形，長 3~4 公分

▼花心偶現全黃色

夾竹桃科 喬木

鈍頭緬梔

- 學名 *Plumeria obtusa*
- 英名 Plumeria
- 原產地 墨西哥

▼單葉叢生，葉長約 20 公分、寬約 5 公分，柄長約 3 公分，葉背色較淺

葉背

葉面

▶中肋有疏毛

▼葉緣吻合脈

吻合脈

葉面　葉背

◀葉面　◀葉背

常綠、半落葉小喬木（烏日高鐵站）

▼蓇葖果雙生，條柱形、長可達 30 公分

▼葉端與瓣端均圓鈍

▼聚繖花序，花冠徑約 4 公分，5 單瓣，白花、中央黃色，四季常開花，冬季較少，具芳香

鈍頭緬梔

喬木

▶夏季盛花

鈍頭緬梔、緬梔比較
鈍頭緬梔之葉端鈍圓，緬梔之葉端銳

◀鈍頭緬梔　◀緬梔

咖啡

茜草科 喬木

- 學名 *Coffea arabica*
- 英名 Coffee
- 原產地 衣索匹亞

▲單葉對生，2列狀，排列整齊；葉長10~15公分、寬約5公分，柄長0.5~1公分

▲葉面之中肋與羽狀側脈之脈腋具腺體

◀果熟紅艷，果長1~1.5公分，有2粒種子，長約1公分，除果殼即為咖啡豆

▼果實群簇成排著生於2對生葉片間

▲花徑3~6公分，冠筒長約1公分、花香濃郁

▼2~9朵花密集簇生於側枝葉腋間

常綠小喬木或大灌木（苗栗卓也小屋）

- 學名 *Neonauclea reticulata*
- 英名 Flase Indian almond
- 別名 海水沓
- 臺灣原生種

欖仁舅

茜草科

喬木

▼新葉也可能泛紅

▼落葉前遇低溫，葉色轉紅

▲單葉，十字對生，新葉亮黃

▶葉長 15~25 公分、寬 10~15 公分、短柄，平行之羽側脈 7~8 對

▲ 1 對大型直立托葉

葉背

欖仁舅

喬木

▲花謝後，乾枯花柱暫存

▲群花待綻放，長達 2 公分的花柱，開花時由花冠筒伸出，夏季常夜間綻放

▲球形頭狀花序、頂生，徑約 4~5 公分，白花冠筒狀

常綠喬木（臺中敬德護理之家）

- 學名 *Parmentiera cereifera*
- 英名 Candle tree
- 原產地 中美洲

蠟燭木

紫葳科

喬木

◀ 脈腋偶有腺點

葉背

腺點

葉面

◀ 3出複葉，柄長2~5公分、具狹翼，小葉長2~5公分、寬約2公分

▼ 複葉對生、全緣或淺缺刻

落葉小喬木，老株會形成板根（大板根森林遊樂區）

▼ 漿果筆直、下垂，果長約50公分、徑約2公分，黃綠色

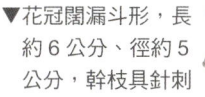

▼ 花冠闊漏斗形，長約6公分、徑約5公分，幹枝具針刺

▲ 4雄蕊，線形，長約1.5公分

刺→

▼ 花多幹生，經常綻放

厚殼樹

厚殼樹科 喬木

- 學名 *Ehretia acuminata*
- 別名 嶺南白蓮茶
- 臺灣原生種

▶葉緣不整齊疏淺鋸齒，葉長 10~18 公分、寬 4~8 公分、柄長 1~2 公分

◀葉面透光可見細脈網狀

▲雄蕊與花瓣間生，伸出花冠外，雌蕊柱頭 2 歧、短棒狀

▲單葉互生

落葉喬木（臺中水崛頭公園）

311

厚殼樹

喬木

▶花冠徑 1~1.5 公分，花已轉果

▼果熟由黃轉橘紅色

▲圓錐狀聚繖花序頂生，長 8~12 公分

▼核果，圓球形，徑約 0.4 公分

◀花果均具觀賞性

海州常山

馬鞭草科 喬木

- 學名 *Clerodendrum trichotomum*
- 原產地 中國、韓國、日本

▲單葉對生，葉闊卵形，長 10~20 公分、寬 5~10 公分，柄長 2~8 公分，葉基 3 出脈；果實掉落，紅色宿存萼片仍具觀賞性（武陵）

◀落葉小喬木

▼複聚繖花序，白花（臺大梅峰）

▼花徑 1~2 公分

▶核果球形，徑約 1 公分，果熟藍色，宿存花萼紅色

▶夏季開花

◀花萼綠至紅紫色

- 學名 *Fagraea ceilanica*
- 英名 Sasaki Fagraea
- 臺灣原生種

灰莉

龍膽科

喬木

▼單葉對生，葉長 10~14 公分、寬約 5 公分、柄長 1~4 公分，薄肉質，葉背淡綠，葉脈不明顯

◀枝粗厚、圓柱形，節處有宿存密貼的托葉

▶嫩枝淺綠，早上可能多處出現泌水的水珠，即所謂的泌液，乃因有孔洞分泌水分。葉柄基部與托葉合生，並延伸貼合於枝條表面

花期 4~8 月，常綠喬木，或灌木叢生（臺中精銳閣社區）

▼白花，徑5~6公分，1雌蕊、柱頭綠色，5雄蕊、著生於冠筒

▼花單立或2~3朵叢聚頂生，綠葉為臺灣原生種，斑葉為園藝栽培種

▼冠筒長約3公分，花蕾橢圓球狀、綠色

斑葉灰莉
Fagraea ceilanica 'Variegata'

▲賞花與葉

泌液

▲葉背色淺

▶新葉可能全葉乳白或乳黃色

多色花

木蘭科

木蘭

- 學名 *Magnolia liliiflora*
- 英名 Lily magnolia
- 別名 辛夷、木蓮
- 原產地 中國

▶ 葉柄基部凹痕長約 0.3~0.5 公分

◀ 葉柄基部具凹痕

環痕

▶ 幼嫩期，芽與柄基黏合，長大後分離，於柄基留下凹痕

凹痕

▼ 單葉互生，芽脫落後於枝節處形成環痕

◀ 花芽密佈長毛茸，似毛筆頭，又稱木筆

環痕

落葉小喬木至大灌木（中臺禪寺）

▶ 葉倒卵形，長 10~15 公分、寬 5~8 公分，葉背中肋與羽側脈微佈毛茸

▼ 維也納（吳春霖拍攝）

317 木蘭 喬木

白粉花

▼花瓣基部有3綠褐色、被毛的花萼

▲6花瓣、白粉色，3~4月花先葉綻放（石岡區土牛休閒運動公園）

紅粉白花

▶花苞密被毛茸

◀花朵綻放脫苞

▼花期2~3月，正值落葉期，花先葉綻放

▼花直立，徑10~15公分，花瓣闊卵形，外紫紅、內白粉色，花被9~12

白花

▼大陸蘇州

▼大陸西湖

▶聚合果圓柱形，長8~15公分、徑約4公分

白木蓮
Magnolia denudate

暗紫紅玉蘭
Magnolia liliiflora 'Nigra'

◀花瓣較狹長、玫瑰紅色

夏臘梅
Calycanthus spp.

◀花瓣數多、色暗紅，花徑5公分，初夏開花

柳葉木蘭 *Magnolia salicifolia*

◀葉較狹長，似柳樹，英名為 Willow-leafed magnolia

◀早春開白花，花徑10公分，6花瓣

星花木蘭 *Magnolia stellate*
英名 Star magnolia

▶花徑約10公分，花瓣較狹長、色白，花期較早，3月開花，原產於日本

木蘭科 喬木

怡笑花 *Michelia fuscata* × *Magnolia liliiflora*

▼單葉互生

▶葉長6~12公分、寬約5公分、柄長1~2公分

319

怡笑花

喬木

典型溫帶植物，性喜冷涼，種於平地多為嫁接者，以含笑為砧木，高接木蘭（臺中寶元紀社區）

▲聚合果呈彎曲之長圓柱形

▼花朵較木蘭大些

桃

薔薇科 喬木

- 學名 *Prunus persica*
- 英名 Peach
- 原產地 中國

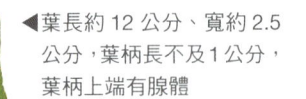

◀ 葉長約 12 公分、寬約 2.5 公分，葉柄長不及 1 公分，葉柄上端有腺體

▶ 葉柄、托葉與葉緣鋸齒端具腺體

▼ 單葉互生

▶ 落葉小喬木或大灌木（臺大梅峰）

比較薔薇科之桃、梅、李、梨的葉

項目	葉長 × 寬（公分）	特殊形態
桃	12 × 2.5	長披針形，較細長
梅	6 × 3	卵形葉、較短寬，葉端有較長尖尾
李	8 × 3	倒披針形
梨	8 × 5	卵橢圓形、較長且寬

桃　梅　李　梨

321

桃

喬木

▲葉緣淺鋸齒端、以及柄端有腺體

腺體

▲果實盛產於春末至夏季間，外型依品種而異

▶花粉紅色，花徑約 3 公分，果用品種為 5 單花

◀粉花桃

▲葉背密佈細網脈

托葉細長

腺體

▶幹面老皮脫落後，呈現金屬光澤、皮目明顯

絳桃 *Prunus persica* 'JiangTao'

▼花蕾卵圓形，花萼紅褐色、2 輪

▶葉長約 10 公分、寬約 3 公分，柄長 1 公分；葉緣細圓齒，腎形蜜腺約 3 個 ── 蜜腺

▼又名重瓣紅桃

▼花心白色，紅色花絲長約 1 公分、直出，雄蕊數近 40

▶春季開花

碧桃

別名：重瓣桃花

臺北杏花林

323

碧桃

喬木

▼桃的變種，花色有淺粉、紅粉、深紅、緋紅、白等

▲花期春天，花先綻放、後期翠綠新葉萌發

白花重瓣

紅花重瓣

粉花重瓣

▶粉花重瓣，5被短毛茸的萼片

◀粉花重瓣碧桃

水蜜桃 *Prunus persica* 'Honey peach'

▶花單立、雙生或數朵叢生

◀花腋出，花冠徑 3 公分，5 單瓣

▲果期 7 月中~8 月中旬（臺大梅峰）

菊花桃 *Prunus persica* 'Juhuatao'

花期 3~4 月，花腋生，粉紅或紅色，重瓣

▲花瓣較細長，盛開時形似菊花，花梗極短或無梗，萼筒鐘形、被短柔毛

紫紅葉桃 *Prunus persica* 'Rubra'

▼花絲色白、粉與紅，花色紅粉，單瓣、半重瓣

▶落葉小喬木，葉色紫紅

▶4 月綻放，花萼紅紫色，花與葉均具觀賞性

325 千屈菜科 喬木

紫薇

- 學名 *Lagerstroemia indica*
- 英名 Crape myrtle
- 原產地 中國、日本、東南亞

▼3高大甲交流道

▼中科水崛頭公園入口前道路

臺中慈濟東大園區

▲灌木

◀新嫩枝葉泛紅

▲嫩葉背有毛茸

▲單葉對生或近於對生，偶呈2列狀

紫薇

喬木

▼葉長約5公分、寬約3公分，葉2面色彩略有差異

葉背　　　　葉面

▶幹色淺、面光滑

◀果實徑約1公分，乾熟自動裂開

▲落葉小喬木，冬天葉片會落光

▶圓錐花序，花期6~8月

327

紫薇

喬木

▲ 6花瓣,緣皺曲,1.5至2.5公分,花徑約2公分

▲淺粉花

▲花朵於綻放中會變色,白、粉與紅

328

紫薇

喬木

◀粉白花

▼白花（銀薇）

▼粉紅色花

▼紅花鑲白邊

玫瑰紅花

▼美國洛杉磯

田尾民族路一段

艷紅色花 ▶美國洛杉磯

329

紫薇

喬木

紫紅葉、紅花

九芎與紫薇

紫薇嫁接於九芎
（田尾李鎮福苗圃）

相似：葉 2 列，幹面光滑

紫薇：花、果較大，花色有紅色系列

植物	九芎	紫薇
原產地	臺灣	中國華南
株高	落葉大喬木 可達 20 公尺	落葉小喬木 5~7 公尺
樹面	褐色夾雜著白色塊斑 平滑，茶褐色 常呈片狀剝落	樹皮光滑 易剝落
葉柄	有，短小	無
花 色	白	多色、包括白花
花 徑	1~1.5 公分	3~5 公分
葉	多對生，葉端銳	互生或對生，葉端鈍圓 淺凹，偶銳
蒴果	長橢圓形 長 0.6~0.8 公分	圓球形 長 0.9~1.3 公分

小花紫薇

- 學名 *Lagerstroemia micrantha*
- 原產地 南越

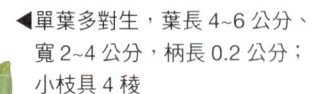

◀ 單葉多對生，葉長 4~6 公分、寬 2~4 公分，柄長 0.2 公分；小枝具 4 稜

▶ 花徑 3~4 公分，6 花瓣、瓣緣波浪狀

◀ 花萼長約 1 公分，萼筒有微突稜脊，6 裂、三角形

▲ 雄蕊數可能超過 30，外緣 6 枚較長、著生於花萼

▲ 圓錐花序，長可達 20 公分、頂生

▶ 落葉小喬木或灌木，花色多種、混植

千屈菜科 / 喬木

331

夾竹桃科

喬木

緬梔

- 學名 *Plumeria acutifolia*
- 英名 Temple tree, Pagoda tree
- 別名 雞蛋花、鹿角樹
- 原產地 熱帶美洲、墨西哥

▼單葉於枝梢叢生

▼完全落葉，僅留粗肥肉質枝條，如鹿角

▼主幹傾斜的造型樹，需加支撐

▲林務局南投林區管理處臺中工作站附近

臺中中科管理局

臺中市西屯區公所

332

緬梔

喬木

◀新嫩葉泛紅，落葉痕頗大、半圓型

▼花瓣旋疊的花蕾

◀聚繖花序頂生

◀白花、中央黃，如雞蛋，故名之

種子

葉緣吻合脈

▶果熟側裂，種子數多

▲蓇葖果雙生，條柱形，長約 20 公分

各種花色 333

雜交緬梔

喬木

蔓藤

紅色花

穗花木藍

豆科 / 蔓藤

- 學名 *Indigofera hendecaphylla*
- 臺灣原生種

種植於陡坡上方，懸垂綠美化斜坡（臺中秋紅谷）

▶ 1回奇數羽狀複葉，複葉與小葉均互生，枝條紅褐色，小葉 9~11

▼ 嫩葉被毛，托葉披針形，長約 0.7 公分

▲ 蝶形花冠紅色

2 托葉

▲ 整個羽葉背與枝條、托葉，均被毛茸，羽葉長約 5 公分、小葉長 1~2 公分

種子具自播性，於草地上自生成一植群（臺中歌劇院屋頂花園）

337

穗花木藍

蔓藤

▲線形莢果
長 2~2.5 公分

▼匍匐性地被，花與葉均細緻
（屏東復興公園）

▼腋生總狀花序，長可達 10 公分

▼多年生常綠草本，蔓性，若不修剪，枝葉茂密簇擁成
直立狀，株高可超過 60 公分

忍冬科 蔓藤

京紅久金銀花

- 學名　*Lonicera* × *heckrottii* 'Gold Flame'
- 英名　Goldflame honeysuckle
- 別名　金光忍冬
- 園藝栽培種

▶花冠外玫瑰紅、內黃色，花長 4~5 公分

▲花蕾全紅，盛花期 6～8 月

▼葉長約 5 公分，無柄、無托葉

▲花具香味，花色多彩

◀花管狀、2 唇形，上唇淺 4 裂

▲單葉對生，全緣，嫩枝紅褐

落葉纏繞性蔓藤，枝莖長可達 5 公尺(臺大梅峰)

- 學名 *Passiflora quadrangularis*
- 英名 Giant granadilla
- 別名 大西番蓮
- 原產地 熱帶美洲

大果西番蓮

西番蓮科

蔓藤

腺體 ▲葉柄具多粒腺體，四方形莖、具翅翼

▶果長可達 20 公分、徑達 15 公分

▼夏秋結果，適合棚架、可遮蔭

▲蔓生枝、長可達 10 公尺，花常下垂綻放

▼單葉互生，具大型托葉，長 2~3.5 公分，葉片特化的彈簧狀卷鬚腋生

托葉

▼葉長可達 20 公分、寬 7~12 公分

▼外側花瓣紅色，長絲狀副花冠紫色、有白斑紋

▼花冠徑可達 12 公分

▲花苞與彈簧狀卷鬚，夏至秋季開花

艷紅西番蓮

西番蓮科 / 蔓藤

- 學名 *Passiflora vitifolia*
- 英名 Perfumed passionflower
- 別名 洋紅西番蓮
- 原產地 中南美

▶嫩枝葉被毛茸

腺體

◀葉柄基腋部有2腺體

腺體

▲多處有腺體

▶春末至夏季開花，常綠蔓藤，適合美化棚架遮蔭

▼立式格柵供攀爬(巴里島)

341 艷紅西番蓮 蔓藤

▼單葉互生，葉徑約 15 公分，掌狀 3 深裂葉，淺疏鋸齒緣，枝節處有彈簧狀捲鬚、葉與花

▼3 苞片，緣淺鋸齒、齒端有腺體

▲花冠徑可達 15 公分

腺體

◀雌雄蕊位於中央、直立高突

▲春末至夏季開花

紫翼藤

大戟科 / 蔓藤

- 學名 *Dalechampia aristolochiifolia*
- 英名 Purple wings vine
- 原產地 秘魯、哥斯大黎加

▼夏秋開花

▼淡綠色的卵心形葉，心形葉基、5 出脈，葉長 10~12 公分

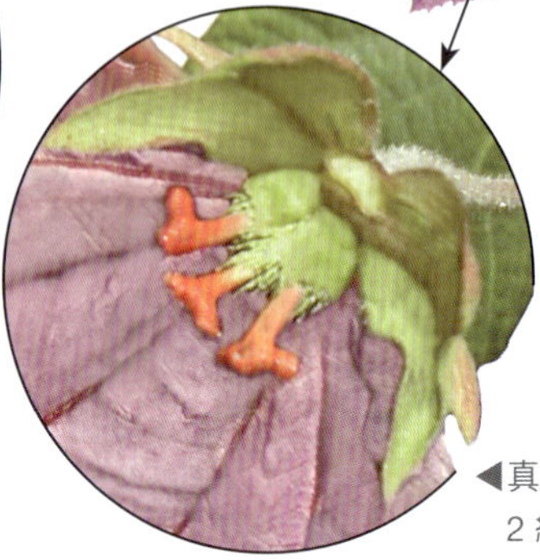

◀真正的橘色小花位於 2 綠色苞片中間

▼大型彩色苞片似花瓣，為主要觀賞部位，色彩持久

◀粉紫色苞片，徑約 4~8 公分，緣有鋸齒，基部 5 出脈

▼常綠攀援藤本

343

使君子

使君子科 蔓藤

▶葉背色稍淺，葉脈網格細小

- 學名 *Quisqualis indica*
- 英名 Rangoon creeper
- 原產地 印度、馬來西亞

▼單葉對生，葉長約 10 公分、寬約 4 公分、柄長約 1 公分，葉 2 列狀，新嫩葉紅

◀葉脈細格網

▶花冠徑 2 公分，5 花瓣，花色從紅至粉白、漸層變化，10 雄蕊，中央花柱突出

▶繖房狀穗狀花序，管狀細長冠筒，長 6~7 公分，花下垂

▼落葉攀緣性蔓藤，5~10 月開花
（臺中文學館）

攀緣上 5 樓
（臺中市遠東街）

使君子
蔓藤

▼果具 5 稜，熟時色黑

▼核果，橄欖狀，長約 3 公分

綠果

大花直立使君子

枝條與花序均較直立
（田尾合利園藝）

◂花冠徑約 4 公分

重瓣

▲粉白重瓣

▲紅粉重瓣

▲紅粉＋粉白重瓣

345

野牡丹科

蔓藤

- 學名 *Bredia hirsuta* var. *rotundifolia*
- 臺灣特有種

圓葉布勒德藤

▲花徑約 1 公分，4 粉紅色花瓣、呈十字形，8 雄蕊，4 長 4 短

▲單葉對生，長 5~8 公分、寬約 2 公分，細鋸齒緣，佈毛

▶花序長可達 15 公分

▲長花絲的花藥基部連接處彎曲，花藥爪狀，彎曲部位突起成腺體

常綠或半落葉蔓灌，匍匐生長，10 月至次年 2 月開花，可做賞花地被（田尾豐田景觀苗圃）

野牡丹科

蔓藤

多花蔓性野牡丹

- 學名 *Heterocentron elegans*
- 英名 Trailing lasiandra
- 別名 紫葉蔓性野牡丹、琉璃牡丹
- 原產地 中美洲

▲ 總狀花序頂生

▶ 萼筒圓形，表面有顆粒狀突起，花枝紅色、具稜

▼ 4花瓣，8雄蕊，花藥淺黃或紫色，全年開花。類似的蔓性野牡丹是 5 花瓣、10 雄蕊

▼ 單葉十字對生，葉長 2~3 公分，新葉與寒冬低溫期之葉色紅褐

▶ 多年生蔓性草本，匍匐生長，賞花與葉的低矮地被

蔓性野牡丹

- 學名 *Heterotis rotundifolia*
- 英名 Spanish shawl
- 原產地 西非熱帶

野牡丹科

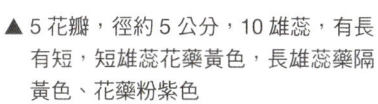

蔓藤

▲ 5 花瓣，徑約 5 公分，10 雄蕊，有長有短，短雄蕊花藥黃色，長雄蕊藥隔黃色、花藥粉紫色

▲ 單花腋生，萼筒及萼片上有腺毛

▲ 不定期開花，寒冬較少

▲ 單葉十字對生，葉基 3 出脈，細鋸齒毛緣

宿根常綠草質蔓藤，莖枝匍匐性，適地被（臺中科博館）

▶ 花萼與葉面有許多小刺毛，葉長 2~3 公分、寬 1~1.5 公分

多花野牡丹藤

- 學名 *Medinilla multiflora*
- 別名 密花野牡丹藤
- 原產地 菲律賓

野牡丹科　蔓藤

▶整個花序與花梗均呈淡粉紅色，花期春末至夏季

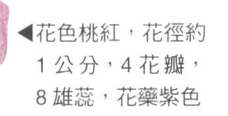

▲花序長可達 30 公分、下垂

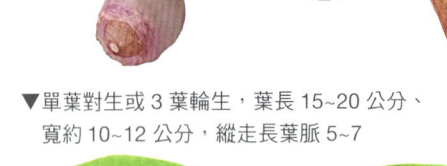

◀花色桃紅，花徑約 1 公分，4 花瓣，8 雄蕊，花藥紫色

▶葉基抱莖，枝節處有鬚毛狀氣生根

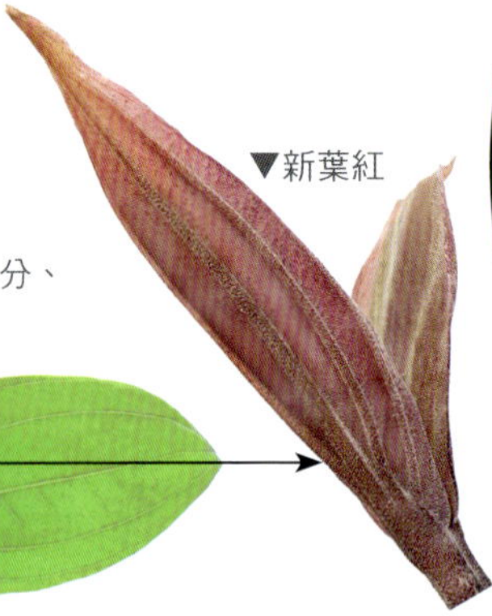

▼新葉紅

▼單葉對生或 3 葉輪生，葉長 15~20 公分、寬約 10~12 公分，縱走長葉脈 5~7

▼常綠蔓灌，新枝先直立生長，枝條抽長後、下垂四散，株型較亂（田尾豐田景觀苗圃）

▲繖形之圓錐花序，自枝端斜出下垂

旋花羊角拗

- 學名 *Strophanthus gratus*
- 英名 *Climbing oleander*
- 原產地 熱帶非洲

夾竹桃科 蔓藤

349

▶ 常綠蔓灌，全株無毛（田尾合利園藝）

◀ 嫩葉背色淺紅褐，中肋凸起暗紅色

▼ 嫩枝與葉柄暗紅色，枝皮孔明顯

◀ 枝皮孔明顯

▼ 花瓣粉白、泛紅，喉部紅色，花徑 5 公分

▼ 嫩葉色翠綠，葉厚紙質，長 10~15 公分、寬 4~7 公分、柄長約 1 公分、泛紫褐色

▲ 5 花瓣非平展、會扭轉，直立副花冠 10 裂，著生於冠喉，基部合生，紅色

▼ 單葉對生，葉背淺綠，葉腋具 2 腺體，花期 3~5 月

蘿藦科
蔓藤

橡膠紫茉莉

- 學名 *Cryptostegia grandiflora*
- 英名 India rubber vine
- 別名 伯萊花
- 原產地 印度、馬達加斯加

◀長枝

▲枝上有明顯皮孔、腋芽發達

▼葉背格網脈細密明顯

▶單葉對生，葉背色淺，格網脈細密明顯

▼花淡粉紫色、高碟狀花冠，冠筒長約3公分

▲花徑約3公分，瓣基交疊

初夏開花，常綠蔓灌（臺中市中清路）

▲蓇葖果長卵三角形

351 蘿藦科 蔓藤

鷗蔓

- 學名 *Tylophora ovata*
- 臺灣原生種

▼多年生草、纏繞性蔓灌，莖枝細長，為青斑蝶的食草

▲單葉對生，葉長 5~8 公分、寬 2~4 公分，葉柄長約 5 公分，葉兩面微被毛，葉基心形、葉端具短突尖

▼花腋生，花冠星形，紫紅色

紫芸藤

紫葳科

- 學名 *Podranea ricasoliana*
- 英名 Port St. John's creeper
- 原產地 南非

◀常綠蔓藤，枝條甚長，無捲鬚，需人為牽引攀附

▶常開花、冬季較少見

紫芸藤

蔓藤

▶一回奇數羽狀複葉，羽葉對生

▶圓錐花序，長枝條端的花序下垂

▼花左右對稱、徑 7~8 公分，花粉紅，花心白、有縱走紅條紋，喉部被毛

▲短枝的花序上揚

▼長卵形小葉對生，長 3~4 公分，鋸齒緣

▼白花品種

紅萼龍吐珠

- 學名 *Clerodendrum* × *speciosum*
- 園藝栽培種

353 馬鞭草科 蔓藤

▼新嫩枝條紫褐色、4稜，葉長10~15公分、寬5~7公分，葉基有3出脈

◀花冠徑2.5公分，4花絲，長短略不同、突出花冠外，花藥粉紫

◀單葉、近十字對生，葉面隨脈絡凹凸不平，花萼初呈淡綠色、緣泛粉紅，花枝紫褐色

▼花後紅色花萼宿存 — 花萼

◀圓錐狀聚繖花序頂生，花冠深紅色，冠筒長約2.5公分

▲常綠或半落葉蔓藤，種植於上方，枝葉懸垂

▶種植於地面，需設格網供攀爬

蓼科

蔓藤

珊瑚藤

- 學名 *Antigonon leptopus*
- 英名 Mexican creeper
- 別名 朝日蔓、紫苞藤
- 原產地 墨西哥、中美洲

▼圓錐花序頂生腋出，花序端形成多歧性捲鬚

▼花由5苞片組成，不完全開展，徑約0.5公分，雄蕊7~9

◀5花被，內藏2、較小，皆宿存，8雄蕊

除冬季外、常開花，夏秋為主要花期

◀半落至全落葉蔓藤

355

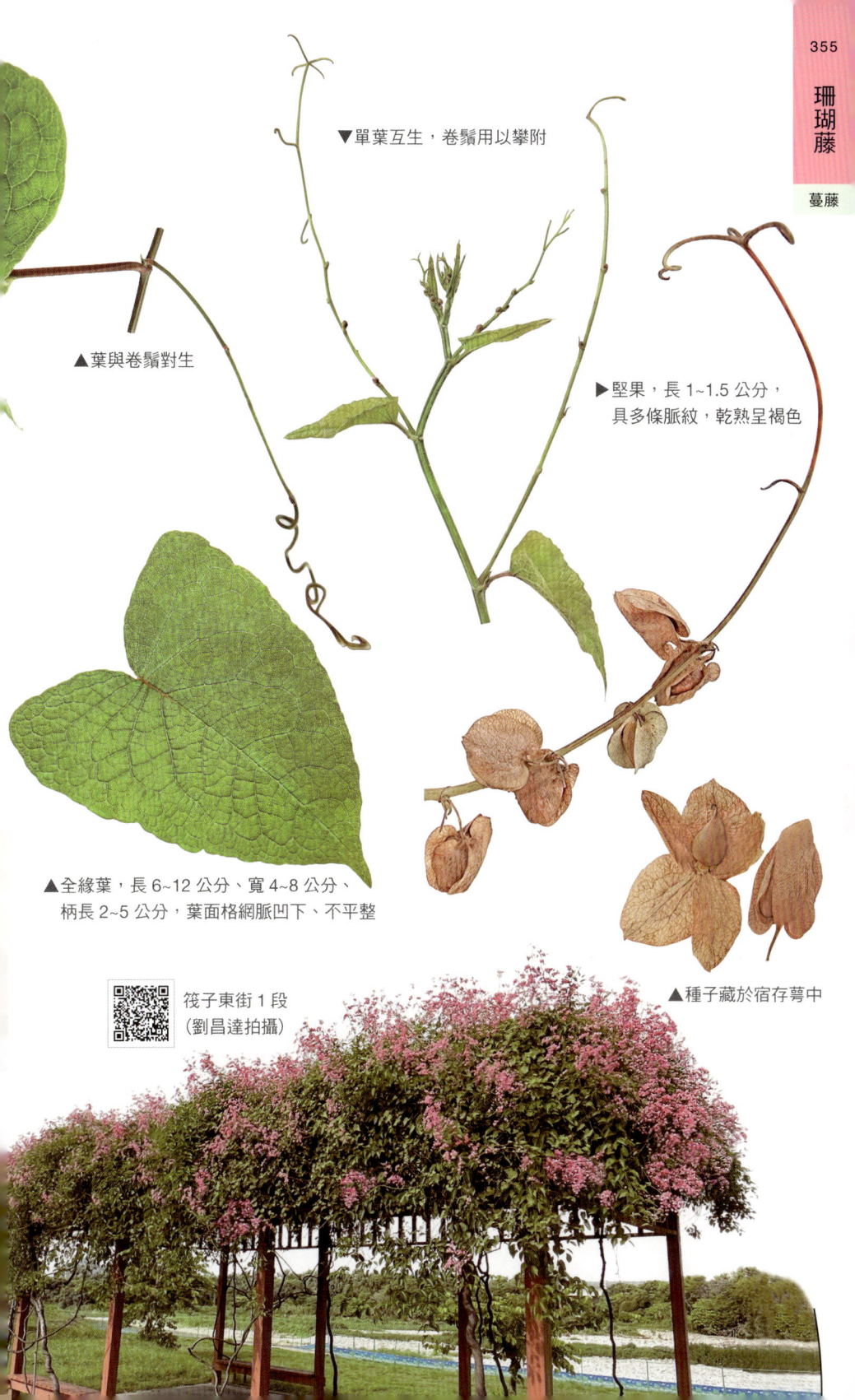

珊瑚藤

蔓藤

▼單葉互生，卷鬚用以攀附

▲葉與卷鬚對生

▶堅果，長 1~1.5 公分，具多條脈紋，乾熟呈褐色

▲全緣葉，長 6~12 公分、寬 4~8 公分、柄長 2~5 公分，葉面格網脈凹下、不平整

筏子東街 1 段
（劉昌達拍攝）

▲種子藏於宿存萼中

蓼科

蔓藤

粉團蓼

- 學名 *Persicaria capitata*
- 英名 Pink knotweed
- 別名 頭花蓼
- 原產地 喜馬拉雅山

▼頭狀花序、群聚粉紅色小花，花序徑約 1 公分

▼幾乎全年開花

蔓性，匍匐生長，賞花與葉的地被（田尾香久園）

多年生草，枝條長，可懸垂生長（田尾菁芳園）

357

粉團蓼

蔓藤

▼單葉互生

▼小花初開粉紅、後轉白色，花徑約 0.2 公分，結實率高，種子自播性高，綠美化持久

葉鞘

▼嫩枝芽與葉背被毛茸，冬天枝葉偏紅

葉背

▲葉長約 5 公分、寬約 2~3 公分

▲葉面有 V 型紅斑紋

旋花科 蔓藤

馬鞍藤

- 學名 *Ipomoea carnea*
- 英名 Seashore vine morning glory
- 臺灣原生種

▲終年開花不輟，冬季較少

▶葉長約 6 公分、寬 6~10 公分，柄長 5~12 公分，葉形似馬鞍，故名之

▲單葉互生

▼長枝條蔓生於沙灘地

▶蒴果卵圓形，徑約 1~1.6 公分

◀豔陽下花朵盛開，蔓莖到處拓殖，莖節處觸土著根

▼常綠蔓藤，極佳之濱海定砂植物（南寮海岸林、藍山拍攝）

▼初生花蕾紅色、圓球形,逐漸抽長

- 學名 *Ipomoea horsfalliae*
- 英名 Cardinal creeper
- 原產地 加勒比海

王妃藤

旋花科

蔓藤

▼葉徑 5~20 公分

▲掌狀 5 或 7 深裂葉,裂片披針形

◀合辦花,5 裂,花徑 5~7 公分,5 雄蕊與雌蕊均突出花冠外

▲聚繖花序,每花序約有 10 朵花

▲自紅色花蕾出現,即可賞花,全株光滑無毛,枝條具纏繞性

▶常綠賞花蔓藤,夏秋開花,花色紅豔,又名豔紅藤

旋花科 蔓藤

樹牽牛

- 學名 *Ipomoea carnea*
- 英名 Tree morning-glory
- 原產地 熱帶美洲

▼花冠長約 7 公分，冠徑 5~7 公分

▶每朵花只有一天壽命，但花期長，冬季較少開花

▼花喇叭狀

◀聚繖花序

蜜窩

▶葉背柄基有 2 蜜窩

▼單葉互生，心形葉

▼常綠蔓藤，維持灌木型需立支架、常修剪

▼新嫩枝葉佈毛 ▶葉長 10~15 公分、寬 7~10 公分，葉基似有多出脈

・學名 *Suzukia luchuensis*
・臺灣原生種

琉球鈴木草

唇形科

蔓藤

◀ 2唇狀淡紫粉花冠，具長筒，長約1公分

▼ 單葉對生，嫩枝葉被毛

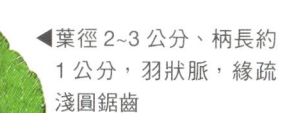

◀ 葉徑2~3公分、柄長約1公分，羽狀脈，緣疏淺圓鋸齒

▼ 綠果，徑約0.1~0.2公分

果

多年生蔓性草本，春至初夏開花，花葉細緻的地被（田尾豐田景觀苗圃，陳佳興拍攝）

鈴木草

唇形科 / 蔓藤

- 學名 *Suzukia shikikunensis*
- 臺灣原生種

▶ 單葉對生，葉長 1~2.5 公分、寬 1.5~3.5 公分

◀ 葉緣疏圓齒，葉背色淺，葉基掌狀脈多出，嫩枝葉毛茸多

葉背

▼ 花腋生，花萼鐘形、5 裂，苞片與花萼均密被毛茸

▼ 春至秋陸續開花

▼ 花冠唇形、長 1.5~2 公分，紫紅色、散佈淺色斑（陳佳興拍攝）

全日照的多年生賞花蔓性地被（田尾豐田景觀苗圃，陳佳興拍攝）

橙色花

豆科

蔓藤

橙羊蹄甲藤

- 學名 *Bauhinia kockiana*
- 英名 Red trailing bauhinia
- 別名 素心花藤
- 原產地 東南亞

— 莢果

▶ 單葉互生，長卵橢圓形葉、有 3 條縱走葉脈，葉長約 10 公分，寬約 5 公分

▼ 夏秋開花，花 5 瓣、頂生，花色豐富

▲ 花徑約 10 公分

▼ 常綠攀緣蔓藤（新加坡植物園）

▲ 花苞

▼ 花色隨綻放轉變

▼ 花初開色黃

▼ 花凋謝前變橙紅色

凌霄花

- 學名 *Campsis grandiflora*
- 英名 Chinese trumpet-creeper
- 別名 紫葳
- 原產地 中國

紫葳科

蔓藤

365

◀花冠廣漏斗鈴形，5裂，橙紅色，幅射紅色細紋，喉部橙黃色

▶花冠徑約 7 公分，花長 6 公分

▲對生狀圓錐花序，常 2 小花對生

▼枝條的皮目顯著，枝節處有氣生根，藉以吸附牆面

▼1 回奇數羽狀複葉，羽葉長約 20 公分，小葉與複葉均對生，小葉 7～9

▶小葉長約 5 公分，寬約 2~3 公分

▼花期夏季，落葉蔓藤

▶葉背中肋被毛，葉緣粗鋸齒，小葉基漸狹、無柄

紫葳科 蔓藤

炮仗花

- 學名 *Pyrostegia venusta*
- 英名 Fire-cracker vine
- 原產地 巴西

▶ 小花冠徑 1~2 公分、長 7 公分，冠筒 5 裂，2 裂片直出，3 裂片反捲

2 月盛花，常綠蔓藤（臺中潭雅神自行車道）

花苞群頗似炮竹，立面花牆，需有格網攀附（臺中新市政中心）

種植於擋土牆上方，美化硬體（東勢林場）

適合棚架，賞花與遮蔭

▶花冠兩側對稱，橙色直出之花蕊略與花朵等長

367

炮仗花

蔓藤

▼聚繖狀圓錐花序

▶小葉長 8~12 公分、寬 3~4 公分，柄長 1~1.5 公分

◀莖枝纏繞

▼老幹

▶一回奇數羽狀複葉，2~3 小葉，3 叉狀捲鬚發自 2 小葉間，為變態葉，與長枝皆具纏繞作用

洋淩霄

紫葳科 蔓藤

- 學名 *Tecomaria capensis*
- 英名 Cape honeysuckle
- 別名 南非淩霄花
- 原產地 南非

▼ 1回奇數羽狀複葉，羽葉與小葉均對生，5~9小葉

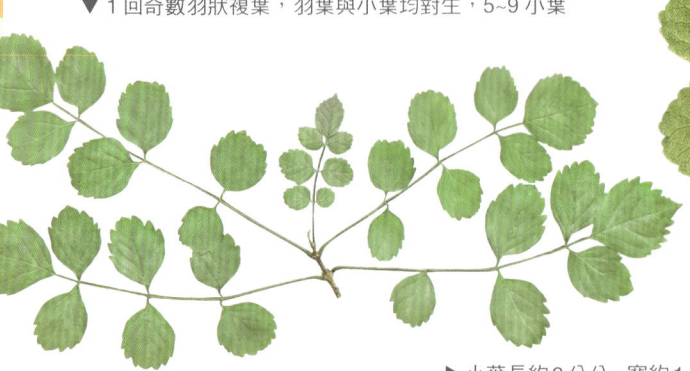

▲ 葉背色淺，綠色細格網脈明顯

▶ 小葉長約3公分、寬約1公分，無柄，緣粗鋸齒

修剪低矮當地被（臺中市東海街）

▶ 常綠蔓灌，花期夏至秋季

▼總狀花序頂生，花冠長筒狀，花長 5 公分，徑 2~3 公分，花絲伸出冠筒外

369

洋凌霄

蔓藤

▶蒴果扁線形，長 5 公分

比較：凌霄花與南非凌霄花

▲南非凌霄花

▲凌霄花

墨西哥火焰藤

菊科
蔓藤

- 學名 *Pseudogynoxys chenopodioides*
- 英名 Mexican flame vine
- 別名 墨西哥千里光、蔓黃金菊
- 原產地 中南美

▶常綠亞蔓藤，冬至春開花，熱帶地區全年開花，長且軟質的莖枝纏繞攀爬，或鋪佈地面

▼單葉互生，葉薄肉質，長 8~12 公分、寬 3~7 公分，葉緣有少數淺齒牙

◀頭狀花序，外圍的舌狀花橘色，中央管狀花黃色

▲個別的頭狀花序，整體為圓錐花序，徑 3~4 公分

黄色花

番荔枝科 蔓藤

鷹爪花

- 學名 *Artabotrys hexapetalus*
- 英名 Climbing ylang ylang
- 原產地 中國、印度、爪哇

▼花梗基部有一狀似鷹爪的彎鉤，故名之

彎鉤

▲花下垂狀，冠徑約 3 公分，花色轉黃時，花香濃郁

▲單葉互生、2 列狀，葉長 12~16 公分、寬約 5 公分、柄長 1 公分

▲常綠蔓灌

▼聚合果、分離至基部，小果紡錘形、長約 3 公分

▼枝條可爬滿棚架

373

木虌果

葫蘆科 蔓藤

- 學名 *Momordica cochinchinensis*
- 臺灣歸化植物

◀葉背密生小乳頭狀突起

腺體

花苞

▲葉3~5深裂，單葉互生、與卷鬚對生，葉基與柄具腺體

綠色圓腎形花苞

雌花

雄花

雄花

▲花單性、雌雄異株、花色多變

多年生草質藤本，枝條頗長
（田尾船塢景觀餐廳）

▼種子外型似鱉甲、木質化，故名木鱉子

▶果長橢圓形，表面密生許多軟刺，熟呈紅色，可食用

374

黃褥花科

蔓藤

三星果藤

- 學名 *Tristellateia australasiae*
- 英名 Maiden's jealousy
- 臺灣原生種

▲ 葉基有 2 腺體，嫩枝葉佈毛

腺體

▲ 適合濱海

頗耐乾旱（臺南安平樹屋）

垂直壁面需設置格網、供攀附
（南投草屯臺灣工藝文化園區停車場）

▼ 攀爬至棚架（臺中林皇宮花園）

▼ 花期甚長，常綠蔓藤，種於地面，
攀爬壁面（科博館）

375 三星果藤

蔓藤

◀葉長約 10 公分、寬約 4 公分

葉面

葉背 ◀葉背色稍淺

◀總狀花序頂生，一花序至少有 20 朵小花

▲枝條甚長，單葉對生，嫩枝紫紅色

▲10 雄蕊、5 長 5 短，花絲紅色，花柱細長，花徑 3 公分

▼蒴果具翅

▶果星芒狀，乾熟褐色，果徑 1.5 公分

馬錢科 蔓藤

法國香水花

- 學名 *Gelsemium sempervirens*
- 英名 Carolina Jessamine
- 別名 卡羅萊納茉莉
- 原產地 美國南部至中美洲

▼新葉色較偏黃紅色

▶披針形葉對生，長5~10公分、寬1~1.5公分，葉面光滑

▲枝長可達6公尺，地下有發達根莖

▼常綠蔓藤，枝條會纏繞攀爬，嫩枝綠色、成熟轉紅褐色

葉背　　葉面
▲單葉對生

377 法國香水花 蔓藤

▶花具芳香，10月至翌4月開花

▲花漏斗形，長 3~4 公分，腋生

◀花具香，法國出產香水，故名之

- 學名 Jasminum humile
- 英名 Italian jasmine
- 原產地 中亞至中國西南

黃素馨

木犀科

◀聚繖花序頂生，花喇叭形，花冠5裂，花徑約 2.5 公分，具香氣

▲羽狀複葉互生，小葉 5~7、對生，葉長約 5 公分

◀常綠或半落葉蔓灌，花期晚春至初秋

木犀科

蔓藤

雲南黃馨

- 學名 *Jasminum mesnyi*
- 英名 Primrose jasmine
- 原產地 中國雲南

▲ 1回奇數羽狀複葉，小葉3片，複葉與小葉均對生，葉背的葉脈不明顯，小葉無柄，葉長約4公分、寬1~1.5公分，羽側脈5~6對、不明顯

▲花單立或雙生，腋出

▶花漏斗狀，此為半重瓣花

單瓣花

▶花裂片6~9，花長5公分、冠徑2公分，具芳香

▼高冷地12~翌4月開花(福壽山)

▲果橢圓形，兩心皮基部癒合

▼常綠蔓灌，長枝懸垂如綠瀑(金門)

▼修剪成灌木(武陵)

379

夾竹桃科

蔓藤

多花黃蟬

- 學名 *Allamanda cathartica* 'Williamsii'
- 園藝栽培種

◀花蕾綻放由綠漸轉黃色

▶花徑 6~8 公分，瓣較扭曲、反捲

▲單葉輪生

▼葉背色稍淺

葉背　　葉面

國道 3 號東山服務區

常綠蔓藤，幾乎全年開花，花數頗多
（臺中市藝術街）

▼葉背中肋與側脈佈毛，葉緣有吻合脈

夾竹桃科

蔓藤

軟枝黃蟬

・學名 *Allamanda cathartica*
・英名 Yellow Allamanda
・原產地 巴西

◀花蕾紅褐色，花瓣旋轉疊覆

▼聚繖花序腋生，冠徑約10公分

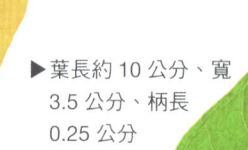

▶葉長約10公分、寬3.5公分、柄長0.25公分

◀單葉、3~4輪生，葉背色較淺

▲葉緣有吻合脈

葉面　　葉背

— 枝條紅褐色

常綠蔓灌，可修剪成灌木狀，花期甚長，4~12月開花（臺中中科路）

設立架、供攀爬美化（谷關溫泉公園）

▼枝條於支架旋轉向上攀附

重瓣小花品種

381 軟枝黃蟬比較 蔓藤

比較：小花黃蟬、軟枝黃蟬、多花黃蟬

▲小花黃蟬的花冠下部長筒狀、非黃色，花苞紅褐色

▲軟枝黃蟬的花瓣圓形，花冠下部非純黃色，花苞紅褐色

多花黃蟬

▼花蕾黃綠色

▲花冠筒下部細長、黃色

▲花瓣卵形、反捲

夾竹桃科
蔓藤

金香藤

- 學名 *Pentalinon luteum*
- 英名 Wild allamanda
- 原產地 美國佛州、加勒比海

▼聚繖花序頂生或腋生

▶葉背淺綠，細格網脈明顯，羽側脈約 6 對

▼單葉對生，葉長 6~9 公分、寬約 5 公分，柄長不及 1 公分

▲花冠漏斗形，5 裂，裂片基部交疊，花徑 5~6 公分

▶蔓生長枝，自動纏繞

常綠蔓灌，莖枝具纏繞性，設置直立格網供攀爬（臺中市三民路一段）

▼花期頗長，人為牽引可爬上棚架

▶枝條具纏繞性

・學名 *Tylophora sui*
・臺灣原生種

蘇氏歐蔓

蘿藦科

蔓藤

383

▶葉背色淺，與枝條均疏佈毛茸

▲單葉對生，葉面徑約 3 公分，葉圓心形

▶分布於恆春半島海岸之高位珊瑚礁及沙地環境。常綠蔓藤，耐陰，枝條會纏繞、或懸垂如綠瀑

陰暗處的漂亮地被（田尾豐田景觀苗圃）

▲嫩枝與嫩葉背密佈毛茸

▼花冠輻射狀，5 裂，兩面光滑

▲複繖房花序

▼花徑不及 1 公分

菲律賓石梓

馬鞭草科
蔓藤

- 學名 *Gmelina philippensis*
- 原產地 東南亞

▼單葉對生，葉形多變化

▲總狀花序下垂狀

▲葉端3淺裂，葉長3~9公分、寬2~4公分、柄長約2公分

▲橢圓形葉

春至夏季開花，常綠蔓藤（苗栗花露農場）

▼葉腋具尖棘刺，枝具四稜

385 菲律賓石梓

蔓藤

▼果長約 2 公分，果熟由綠變褐色，內有一粒種子

▲唇形花冠，兩側對稱，小花長 5~6 公分，花冠管部細縮，上部膨大

◀總狀花序下垂狀，黃花自淺紫褐色葉狀苞片中伸出

▼花與果常見、且常同時出現

臺中豐年公園

菊科

雙花蟛蜞菊

- 學名 *Wedelia biflora*
- 臺灣原生種

蔓藤

▼單葉十字對生

▲葉長 8~12 公分、寬 4~8 公分，柄長可達 2 公分，鋸齒緣，佈毛，掌狀 3~5 出脈，枝有 4 稜

▼多年生匍匐性或懸垂狀草本，適合濱海固砂地被植物

▲春末至夏開花，頭狀花序，徑約 2 公分，常成對出現，故名之

▼花序外圍的舌狀花是雌花或中性花，中央筒狀花為兩性，花柱細長突出花冠，二叉狀

▲頭狀花序

387

蟛蜞菊

菊科

蔓藤

- 學名　*Wedelia chinensis*
- 別名　黃花蜜菜
- 原產地　熱帶至亞熱帶

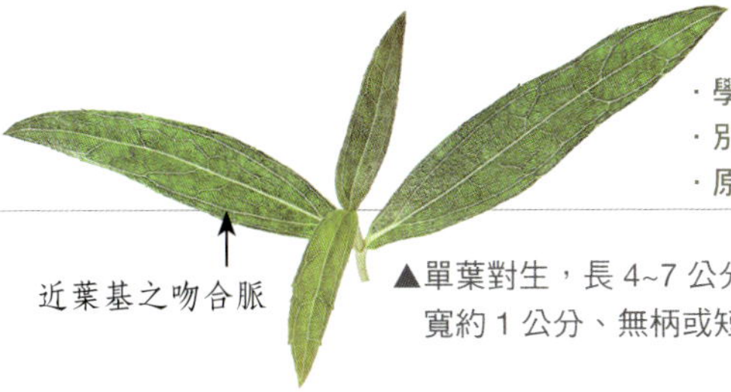

近葉基之吻合脈

▲單葉對生，長 4~7 公分、寬約 1 公分、無柄或短小

▼枝長可達 60 公分，節處具不定根著地

▲頭狀花序，徑 2~3 公分，單一頂梢或腋生

▲外圍雌性舌狀花 1 層，中央兩性管狀花，端 5 淺裂，花梗長可達 15 公分

◀花期春至早秋
（臺中花博外埔園區）

葉長橢圓形，全株粗糙被短茸毛
（田尾豐田景觀苗圃）

多年生海濱固砂地被植物，枝葉匍匐蔓延（臺中花博外埔園區）

菊科

蔓藤

單花蟛蜞菊

- 學名 Wedelia prostrata
- 別名 天蓬草舅
- 臺灣原生種

▼嫩枝與葉背密被毛茸

▲單葉十字對生，柄短小或無，葉長約 3 公分，寬 0.5~1 公分，近葉基具 3 出脈

▲花序中央的管狀雌花全綻放

▶枝具稜

▲葉長卵形，1~3 粗鋸齒緣，葉面粗糙

◀頭狀花序，單立頂生或腋生，徑約 1 公分

適合地被(田尾豐田景觀苗圃)

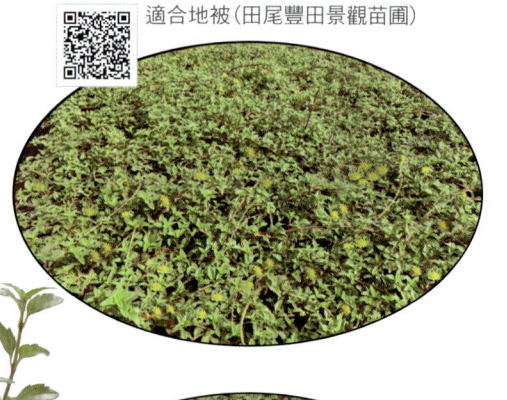

▶多年生蔓藤，枝長可達 1 公尺

▶南寮濱海砂灘(藍山拍攝)

389

菊科

蔓藤

- 學名 Wedelia robusta
- 臺灣原生種

大天蓬草舅

▲單葉對生，卵形，長 5~10 公分、寬 2~5 公分，柄長不及 3 公分

▶頭狀花序頂生，徑約 2 公分，總梗長 1~6 公分

▼葉稍厚革質，卵形，葉緣疏鋸齒，葉基 3 出脈（藍山拍攝）

▼莖枝長、匍匐狀，適濱海固砂地被（南寮海岸林、藍山拍攝）

▼為天蓬草舅與雙花蟛蜞菊的天然雜交種（南寮海岸林、藍山拍攝）

菊科

南美蟛蜞菊

蔓藤

- 學名 *Sphagneticola trilobata*
- 原產地 中美洲

▼花序徑約 2 公分

▲單葉十字對生，葉面粗糙有毛，粗鋸齒緣，葉長約 5 公分、寬約 2 公分

▶頭狀花序，單立枝梢，四季常開花，寒冬較少

完全覆蓋樹蔭處高低起伏的地面
（臺中文心森林公園）

多年生蔓性草本，匍匐狀生長，節節生根
（邊坡綠美化，臺中科園路）

▶低養護地被
（臺中新市政中心）

- 學名 *Solandra maxima*
- 英名 Cup of gold vine
- 原產地 中美洲

金盃藤

茄科

蔓藤

▼葉長 12~20 公分、寬 5~10 公分

▲單葉互生，葉柄泛紫紅，花苞碩大

▲喇叭狀花（張集豪拍攝）

▼花淺黃色，凋謝時轉橘黃，有 5 條紅褐幅射條紋

▼花長與徑均可達 20 公分，淺杯型花冠 5 裂，裂片反捲

▼常綠蔓灌，春夏開花，夜晚具香氣；枝條長可達 10 公尺，攀附向上伸展或懸垂

▼花苞如一充氣的汽球

旋花科 蔓藤

木玫瑰

- 學名 *Merremia tuberosa*
- 英名 Wood rose
- 原產地 熱帶美洲

▶ 花漏斗狀

▲ 果熟木質化，裂開似乾燥玫瑰花，徑約 5 公分

▼ 葉徑 10 公分，柄長 4~10 公分，紫褐色，略帶毛茸

葉面 　葉背

▶ 花冠徑 5~6 公分

▼ 爬滿棚架

▶ 單葉互生，掌狀 7 深裂葉，枝條甚長

▼ 早上開花，下午就花謝

▼ 常綠藤本，花期夏秋

- 學名 *Thunbergia mysorensis*
- 英名 Indian clock vine
- 原產地 印度南部

跳舞女郎

爵床科

蔓藤

◀花序長可達50公分，小花對生

▲春夏開花，總狀花序腋生

◀花長可達4公分，雄蕊有棉絮

▼葉形多變化，葉基擴大突出。葉長10~15公分、寬3~5公分

◀枝條具纏繞性

▼葉長卵形，葉基3~5出脈，葉緣疏淺鋸齒

常綠蔓藤，花序下垂，適合花架（田尾鳳凰花園）

黃金藤

唇形科
蔓藤

- 學名 *Petraeovitex bambusetorum*
- 英名 Nong nooch vine
- 別名 沃爾夫藤
- 原產地 泰國

▶卵心形葉對生，葉長 5~10 公分

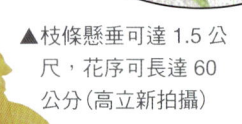

▶花奶白色，外有黃色萼片

▲枝條懸垂可達 1.5 公尺，花序可長達 60 公分（高立新拍攝）

▲花序懸垂，於熱帶春至秋開花，花期頗長

▶攀緣性藤本，盛夏開花旺（越南富美興，高立新拍攝）

◀花長約 5 公分，小白花易凋落，黃萼片觀賞期較長（高立新拍攝）

藍紫色花

豆科 蔓藤

蝶豆

- 學名 *Clitoria ternatea*
- 英名 Asian pigeon wings
- 原產地 熱帶地區、南美

▼一回奇數羽狀複葉，小葉長約 5 公分、寬約 2 公分、柄長約 0.4 公分

葉面
葉背

草質纏繞性蔓藤，冬季低溫會枯死，因大量種子落地，春暖雨水多，自動萌發新枝葉，似生生不息，可作為綠肥(臺中市秋紅谷景觀生態公園)

▶葉面散生細毛

▶嫩葉背佈毛

▼需設格柵、人為牽引固定，枝長可爬上棚架，四季常開花，僅冬季較少，夏季為盛花期

▶枝葉佈毛

▲嫩葉面與葉軸均散生毛茸

397

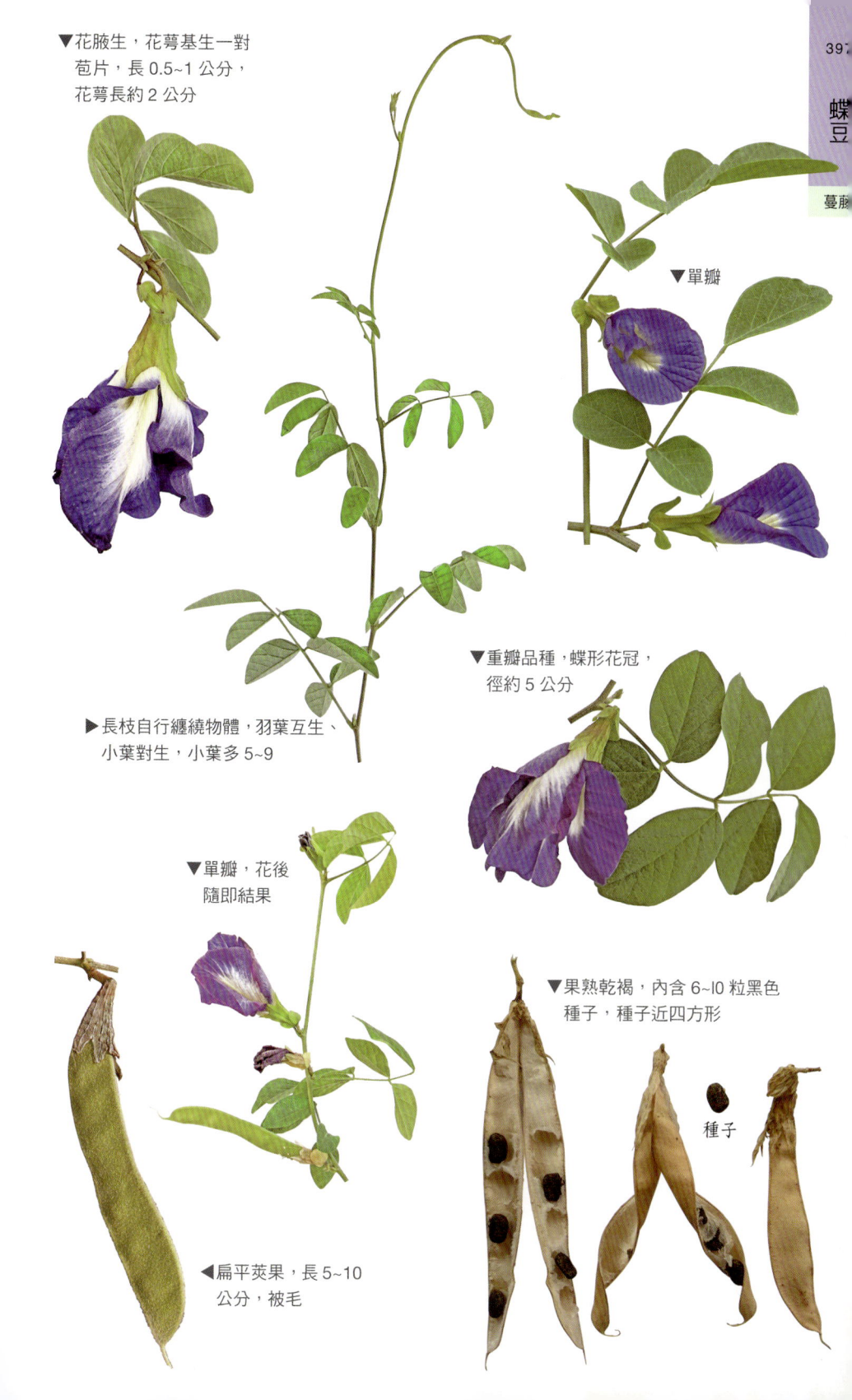

蝶豆

蔓藤

▼花腋生，花萼基生一對苞片，長 0.5~1 公分，花萼長約 2 公分

▼單瓣

▼重瓣品種，蝶形花冠，徑約 5 公分

▶長枝自行纏繞物體，羽葉互生、小葉對生，小葉多 5~9

▼單瓣，花後隨即結果

▼果熟乾褐，內含 6~10 粒黑色種子，種子近四方形

種子

◀扁平莢果，長 5~10 公分，被毛

小葉魚藤

- 學名 *Millettia pulchra* var. *microphylla*
- 臺灣原生種

▶ 一回奇數羽狀複葉，互生，小葉 6~10 對、對生

常綠蔓灌，株高 2~3 公尺(臺中橫山公園)

▼ 羽側脈 5~8 對

▶ 葉背疏被毛、色灰綠，小葉長 1~1.5 公分、寬不及 1 公分

▶ 嫩葉佈毛

399

小葉魚藤

蔓藤

▼花序長 6~15 公分、腋生

▲蝶形花冠不同開放階段

▼春夏開花，總狀花序，花萼被毛 5 裂

▼枝條每節的葉腋均著生花序，由下至上逐漸綻放

◀ 5 花瓣，花完全綻放時，旗瓣較大、完全展開直立

▲ 6~9 月結果，莢果長 4~8 公分、寬 1~2 公分，果熟暗褐色、自動開裂

豆科

血藤

蔓藤

- 學名 *Mucuna macrocarpa*
- 英名 Rusty-leaf mucuna
- 臺灣原生種

▶ 3 出複葉互生

◀ 果熟自動裂開，露出黑色種子

◀ 花序常著生於老幹

▶ 頂小葉長 10~15 公分、寬 5~8 公分，葉基 3 出脈

◀ 嫩枝葉紅褐色、被毛茸

▶ 枝條具纏繞性

常綠大藤本（臺中科博館）

▼ 葉背中肋與主羽脈被黃褐色毛茸

401

血藤

蔓藤

總狀花序既長且大，懸垂狀（南投草尾嶺步道）

◀小葉柄粗短

▶頂小葉基正，側生小葉偏斜，小葉柄特別粗短、與中軸明顯不同

▲莢果念珠狀

▲蝶形花冠，旗瓣短、近於圓形，龍骨瓣較長，約5公分

▲總狀花序，長可達20公分

豆科

蔓藤

蝸牛藤

- 學名 *Vigna caracalla*
- 英名 Snail vine
- 原產地 熱帶中南美

▶ 3出複葉，葉長 7~12 公分

▼ 常綠纏繞性蔓藤，株高可達 3 公尺

▼ 花紫白色、螺旋狀扭曲，花長約 5 公分

▲ 花型似蝸牛，故名之，每朵花型各異

▼ 花蕾彎曲狀

- 學名 *Wisteria floribunda*
- 英名 Japanese wisteria
- 別名 多花紫藤
- 原產地 日本

日本紫藤

豆科

蔓藤

◀莖枝逆時鐘纏繞攀爬

美國洛杉磯杭廷頓植物園（邱楷婷拍攝）

入冬落葉前，葉轉黃（武陵農場）

春季，花葉常同時出現（日月潭涵碧樓）

▼落葉蔓藤，枝條長、可爬上棚架

404

日本紫藤

蔓藤

▼小葉對數較多，常超過 13 對

▲葉面、葉軸、小葉柄均被毛茸

▲常結實纍纍，果長可達 20 公分

▼小花梗常較花冠長，小花全綻放時、花序下垂

▲莢果密被毛茸（武陵）

▼花 4 月開始綻放，總狀花序，長可達 80 公分

中國紫藤

- 學名　*Wisteria sinensis*
- 英名　Chinese wisteria
- 原產地　中國

豆科

蔓藤

▼一回奇數羽狀複葉，複葉長可達 30 公分

◀小葉柄較羽葉軸粗短、有毛，長 0.3 公分

莖枝順時鐘纏繞攀爬，蔓長超過 10 公尺（嘉義高鐵站）

▼花期 3~4 月

▶小葉長約 6 公分、寬約 2~3 公分

落葉蔓藤，蔓長超過 10 公尺，適合花架（臺中東海國小）

▼羽葉互生，有 7~13 對生小葉，枝條長

406

中國紫藤

蔓藤

▼總狀花序，懸垂或斜出，長15~30公分

▼嫩枝葉佈毛

葉面

葉背

▼旗瓣基部具2附屬體

▼蝶形花冠，徑2~3公分，花長1.5~2.5公分

◀旗瓣較大，外反捲，基部具2個附屬體，翼瓣基部耳狀，龍骨瓣鐮狀鈍頭

▲白花紫藤　*Wisteria sinensis* 'Alba'

- 學名 *Passiflora alata* X *caerulea*
- 園藝栽培種

粉紫西番蓮

西番蓮科

蔓藤

▲掌狀多 5 深裂葉、偶見 3~9 裂，葉面徑約 10 公分

▲花色粉紫白，花絲藍紫，花徑 8~10 公分

▲花期夏至秋，枝長可達 3 公尺，具捲鬚

紫鈴藤

紫葳科 / 蔓藤

- 學名 *Pseudocalymma alliaceum*
- 英名 Garlic vine, Trumpet flower
- 別名 蒜香藤、張氏紫葳
- 原產地 哥倫比亞、西印度

▲ 葉長 6~10 公分、寬 2~5 公分，羽狀側脈 3~5 對

▲ 1 回偶數羽狀複葉，複葉與小葉均對生，小葉 1 對

▲ 捲鬚從 2 小葉基部發生

新北市楓樹河濱公園（吳昭祥拍）

409

紫鈴藤

蔓藤

▼白色花苞、上端粉紫色，聚繖花序腋生

▶扁平蒴果，長約 20 公分、寬 1.5~2 公分

◀喇叭狀花冠，兩側對稱，花冠徑約 6 公分，花初開紫粉紅，漸褪為淡紅色，至白花凋謝

種子

▲果熟乾褐色，自動開裂，種子具翅

▼花色豐富（吳昭祥拍）

變色品種

410

馬鞭草科

蔓藤

錫葉藤

- 學名 *Petrea volubilis*
- 英名 Sandpaper vine
- 別名 砂紙葉藤
- 原產地 熱帶美洲

▶枝條右旋纏繞攀附

▶單葉對生，嫩枝紫褐色、老枝轉綠，散佈明顯皮目

▼葉長不及 20 公分、寬 3~6 公分、柄長 1 公分，葉粗糙如砂紙

▼新嫩葉淺紫褐色

▼常綠蔓藤，枝較懸垂，熱帶的花期較長

▼中央深紫色是真花，花謝會掉落，外圍較長的是花萼、宿存、淡紫色

錫葉藤

蔓藤

▲花徑 1~2 公分，中央真花含苞待放

▶花瓣與花萼各5、上下交錯相疊

白花錫葉藤

▶花期冬至春季

▼生長速率較紫花的錫葉藤緩慢(香久園)

馬鞭草科

蔓藤

大葉錫葉藤

▶外層淺紫色花萼，花謝花萼宿存、漸褪色

▼總狀花序，長可達30公分。花瓣期短、花萼期長

▶單葉對生，葉緣波浪，枝條頗長

▶葉面粗糙如砂紙，可磨擦錫器，故名之；葉長20~30公分，葉背色較淺

◀紫紅枝條與葉柄毛茸多

枝條較硬挺、斜上伸展（成美文化園）

413 大葉錫葉藤 蔓藤

▶ 花序長度多超過 30 公分、小花數多超過 30 朵

▲ 花徑 1.5~3 公分，內層深紫色是花瓣

▲ 花苞

◀ 花謝花萼由淺紫轉綠色

錫葉藤、大葉錫葉藤差異

項目	錫葉藤	大葉錫葉藤
葉長(公分)	<20	20~30
花序長(公分)	<20	>30
花序的小花數	<20	>30
枝條	較易懸垂	較硬挺、斜上伸展

▼ 錫葉藤葉長約 10 公分

▼ 大葉錫葉藤的葉長超過 20 公分

▶ 錫葉藤　▶ 大葉錫葉藤

▼ 大葉錫葉藤的枝條較硬挺、斜上伸展

▼ 錫葉藤的枝條較易懸垂

臺灣木通

- 學名 *Akebia longeracemosa*
- 別名 長序木通
- 臺灣原生種

▼葉形多變化，多全緣，偶有缺刻，葉基3出脈

▼常綠蔓藤，掌狀複葉的小葉數多為5，亦有3或4

▲較木通，總狀花序明顯較長

▶小葉長3~7公分、寬1.5~2公分，葉柄長5~10公分

415

木通

木通科

蔓藤

- 學名 *Akebia quinata*
- 英名 Five-leaved Akebia
- 原產地 中國、日本、韓國

葉背

葉面

▲掌狀複葉互生，小葉多5，偶3~7，背色較淺

▶葉多為長橢圓形，偶見較寬者

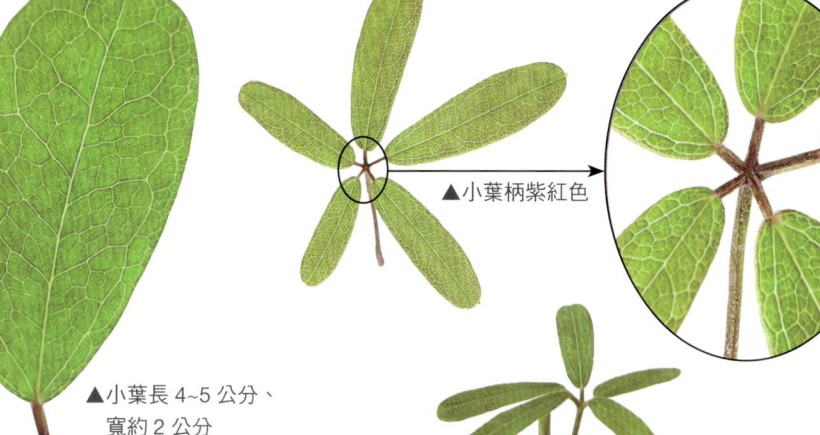

▲小葉柄紫紅色

▲小葉長4~5公分、寬約2公分

半落葉蔓藤
（田尾豐田景觀苗圃）

◀枝條會纏繞

416

木通

蔓藤

▼雌雄同株異花，總狀花序，長 6~12 公分，基部有 1~3 雌花，上部為雄花、數多

雄花

雌花

▼立架供攀附

▲ 3~5 月開花

▼雌花徑約 3 公分，中央 3~9 圓柱形離生心皮

▼雄花序

▲雄花基部有 3 紅紫花萼，6 雄蕊、花藥內彎

▼花瓣脫落

▲果肉質，長可達 10 公分、徑約 3 公分，綠熟轉紫色，果實小動物喜食
（陳佳興拍攝）

417

懸星花

茄科 / 蔓藤

- 學名 *Solanum seaforthianum*
- 英名 Brazilian nightshade
- 別名 巴西蔓茄、星茄
- 原產地 中美至南美洲

◀葉形變化多

◀葉緣不整齊 3~9 羽狀裂，或深或淺，葉長 10~20 公分，寬 5~10 公分

▼常綠藤本，花四季常開

▼單葉、羽狀深裂或 1 回奇數羽狀複葉，互生

▲葉柄彎曲固定支柱

懸星花

蔓藤

▼圓錐花序腋出，下垂狀

▼綠色花萼端平截

▲星型花冠，徑 2.5 公分

▼黃色花藥併立

▼紫斑花品種：淺紫花、散佈不規則的深紫斑（陳佑松拍攝）

▼果熟紅艷，漿果徑約 0.7 公分

- 學名 Ipomoea cairica
- 英名 Cairo morning glory
- 別名 番仔藤
- 原產地 泛世界各地

槭葉牽牛

旋花科

蔓藤

◀為爭取陽光，爬到高高的樹上，覆蓋整個樹冠，導致缺陽光死亡

▼野外陽光下的強勢蔓藤，全年開花

強風下、靠天就可生長良好（金門機場）

▲▼超強勢的槭葉牽牛竟可與大鄧伯共處

▼賞花的棚架蔓藤

420

槭葉牽牛

蔓藤

▼花四季常開，單立或數朵成歧繖花序

▶乾熟淺褐色蒴果，長約 1 公分

▶枝條長

◀花冠漏斗形、徑約 7 公分，長約 5 公分

◀葉柄長 5~7 公分，葉幅 5~10 公分

▲葉掌狀 5~7 全裂，葉背淺綠色

▲葉柄基部與枝條節處，似小葉片之假托葉

▲嫩枝葉

421 旋花科 蔓藤

- 學名 *Ipomoea indica*
- 英名 Blue dawn flower
- 別名 琉球朝顏
- 原產地 美洲熱帶地區

銳葉牽牛

◀攀爬於直立棚架

▲嫩枝葉佈毛

▶嫩葉面滿佈毛茸

▼攀爬於直立棚架，花謝捲縮轉紅（吳昭祥拍攝）

▲枝條纏繞

▼攀爬上棚架

▶枝具纏繞性

銳葉牽牛

蔓藤

▼葉面　▼葉背　▼葉背毛

▶攀爬於直立棚架

▶枝條近節處有突出的氣生根

▼花蕾的未綻放花瓣旋捲狀，為旋花科特徵

▲喇叭狀、深藍紫花

紫花牽牛藤　*Ipomoea acuminata*

◀葉心型或掌狀3裂葉　▲花色較淺藍紫

- 英名 *Asystasia gangetica*
- 學名 Chinese violet
- 原產地 東南亞

赤道櫻草

爵床科

蔓藤

▼嫩莖方形，葉面、葉柄、枝條佈毛

▲單葉對生，葉長約 3 公分、寬 2 公分，葉柄長 1~4 公分，下延，羽側脈 3~5

▼嫩枝、葉背佈毛

▼幾乎全年開花，主要花期 10 至翌年 2 月

▼花色淡紫紅

▼花冠兩側對稱、徑 3~4 公分，花深紫紅色

▶多年生常綠半匍匐性草本，耐蔭

斑葉赤道櫻草

爵床科 / 蔓藤

- 學名 *Asystasia gangetica* 'Variegata'
- 園藝栽培種

▶陽光下葉色亮黃

▲單葉十字對生，葉長約3公分、寬2公分，綠葉、緣黃

▶喇叭型花冠、具長管

果

▶花與果實，花由開至凋謝，花色漸轉白

多年生半匍匐性蔓灌草本（田尾菁芳園）

幾乎全年開花（臺中后里森林公園）

設置立面格網供攀爬覆蓋，賞花與葉（臺中中央公園）

蔓性蘆莉

爵床科 / 蔓藤

- 學名 *Ruellia squarrosa*
- 英名 Water Bluebell
- 原產地 南美

◀花苞

▼花徑 4~5 公分

▼一年多次開花，寒冬較少

▲單葉對生，葉長約 5 公分、寬約 2 公分，全緣、微波，枝葉毛茸多

▲臺北陶朱隱園

▶多年生宿根性草本，株高多不及 50 公分，枝匍匐伏地生長，賞花地被

爵床科

蔓藤

大鄧伯

- 學名 *Thunbergia grandiflora*
- 英名 Bengal clock vine
- 別名 孟加拉右旋藤
- 原產地 孟加拉

▶右旋藤

▼單葉對生，掌狀裂葉，葉緣粗齒牙

▲葉面被毛而粗糙

▲葉背密被毛茸

▲半落葉蔓藤，寒流低溫葉會枯乾、卻不自動掉落

▼葉掌狀不規則多裂

全年開花，冬季較無花
（臺中葫蘆墩公園）

427

爵床科

蔓藤

◀嫩葉基毛茸多

◀嫩枝葉佈毛，枝4稜旋扭

▲葉基有7~9掌狀脈，葉幅可達18公分

▼花徑約7公分

▼花單立或總狀花序，下垂狀

▼花色淺藍紫、喉部淡黃色，花冠5裂

- 學名 Thunbergia laurifolia
- 英名 Laurel clock vine
- 別名 樟葉鄧伯花、月桂藤
- 原產地 印度至馬來半島

月桂葉鄧伯花

▼常綠蔓藤，纏繞攀爬，莖具4稜，熱帶全年開花

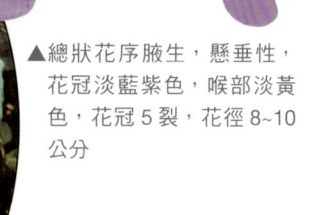

▲總狀花序腋生，懸垂性，花冠淡藍紫色，喉部淡黃色，花冠5裂，花徑8~10公分

◀單葉對生，葉長卵形，長10~18公分，寬3~6公分，葉基3出脈，葉緣不規則波狀疏鋸齒；葉形似月桂葉，故名之

耳葉鴨跖草

- 學名 *Commelina auriculata*
- 英名 Ear-leaved commelina
- 臺灣原生種

鴨跖草科 / 蔓藤

▼單葉互生，具短柄

▼葉面略被細毛，葉基疏佈長毛茸

▶枝節葉鞘佈毛

▲植株初期直立生長

▲多年生草本，莖枝匍匐狀，地面縫隙自生成一群，具自然野趣的賞花地被

▶樹穴賞花、低養護地被

429 耳葉鴨跖草 蔓藤

▼葉長 3~8 公分、寬 1~2 公分

▲葉背色淺，多條平行脈

▲單生聚繖花序，每花序有小花 2~5，小型花萼 3，綠色，上方 1 片較小

▼花徑約 2 公分，2 花瓣如耳狀，故名之

▼藍花，3 可孕雄蕊，著生於花萼基部、1 雌蕊

▼篦狀苞片寬近 1 公分，歪漏斗形，具不明顯縱脈紋，外側常被長毛茸

▼蒴果長約 0.8 公分，黑褐色種子

種子

塊莖鴨跖草

- 學名 *Commelina tuberosa*
- 原產地 墨西哥

鴨跖草科

蔓藤

▶ 單葉互生，葉披針形，葉長超過 10 公分

▶ 佛焰苞綠色，有數條縱走紫斑條

▼ 每花序有 4~10 朵小花

果

▼ 3 花瓣

▲ 花後隨即結果，蒴果卵球形

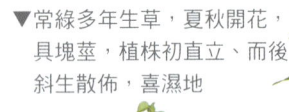

▲ 果實逐漸形成

▼ 常綠多年生草，夏秋開花，具塊莖，植株初直立、而後斜生散佈，喜濕地

白色花

忍冬

- 學名 *Lonicera japonica*
- 英名 Japanese honeysuckle
- 別名 金銀花、二色花
- 原產地 中國、日本、韓國

忍冬科

蔓藤

▲嫩枝葉密被毛茸，單葉對生

▲葉長 5~6 公分、寬 2~3 公分、柄長 0.5~1 公分，葉面佈毛

葉面　▲葉 2 面色有差異　葉背　▶羽狀側脈 5~7 對

初夏盛花，常綠藤本，枝具纏繞性（臺中文修公園）

▼與爬牆虎混植

▼花枝全面佈毛　　　▶花冠徑1公分，白花，
　　　　　　　　　　凋謝前轉黃

433

忍冬

蔓藤

▲長漏斗細管狀花，冠徑約2公分、長4公分；
　枝端白花剛綻放，下方已轉黃

▶漿果球形，熟藍黑色，
　果徑0.6公分

藍西番蓮

- 學名 *Passiflora caerulea*
- 英名 Blue passion flower
- 原產地 南美

西番蓮科 蔓藤

▲枝節有托葉、花苞、葉與卷鬚

▲絲狀的副花冠有 3 層，最外層較長，具 3 色，端藍紫、中段白、基部紫褐色

▼花單生葉腋，花徑約 10 公分，苞片綠色，花期夏秋

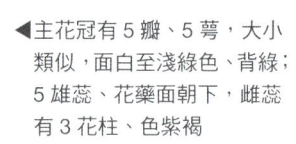

◀主花冠有 5 瓣、5 萼，大小類似，面白至淺綠色、背綠；5 雄蕊、花藥面朝下，雌蕊有 3 花柱、色紫褐

▶外層為綠色花萼，隨花朵綻放逐漸伸長，內層直立疊合的綠色花瓣、端有自中肋延伸的彎曲長芒

常綠木質藤本，較其他西番蓮耐寒（臺大梅峰）

▼綠果成熟轉橙紅、具觀果性

435

藍西番蓮

蔓藤

▲嫩葉，彈簧狀捲鬚

腺體

▲葉掌狀深5裂，葉徑5~10公分

腺體

▶果熟由黃轉橙、可食用

▶圓形托葉，葉深裂緣與葉柄有腺體

托葉

白花西番蓮
Passiflora caerulea 'Avalanche'

▶掌狀5深裂葉

▲除中央雌雄蕊，整朵花以及絲狀副花冠之長細絲均為白色

西番蓮科 蔓藤

百香果

- 學名 *Passiflora edulis*
- 英名 Passion fruit
- 別名 西番蓮
- 原產地 巴西

▶ 花期春至夏，花單立腋生，3 柱頭，初挺立、後下垂

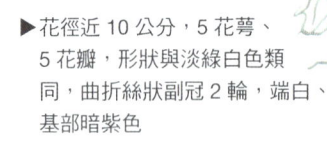

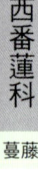

▲ 漿果球形，綠果成熟，果色因品種而異

▶ 花徑近 10 公分，5 花萼、5 花瓣，形狀與淡綠白色類同，曲折絲狀副冠 2 輪，端白、基部暗紫色

多年生常綠賞花蔓藤，枝條長可達 5 公尺（臺中花博外埔園區）

437

百香果

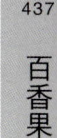

蔓藤

托葉

腺體

▼葉形多變化

▼單葉互生，葉腋有彈簧狀捲鬚

腺體

▲掌狀3深裂葉，葉長10~18公分、寬15~20公分、柄長5公分，葉緣鋸齒，葉基掌狀脈3出

毛西番蓮

- 學名 *Passiflora foetida* var. *hispida*
- 英名 Hairy passiflora
- 原產地 南美、西印度

▼花轉果，常有殘存的苞片包被果實

▲種子外一層透明汁膜

▼漿果，熟橘黃色，徑約 2 公分

多年生蔓藤，枝長可達 5 公尺，有異味，已歸化中南部 (田尾菁芳園)

439

毛西番蓮

蔓藤

◀ 5 萼片，內白、外有綠色突脊斑條；5 花瓣，內外皆白、淡綠色

▲ 3 苞片，2 回羽狀絲裂，綠色，長 1.5~3 公分、寬 1~1.5 公分

▼ 花單立腋生，徑 3~5 公分，長絲狀副花冠環生，基部紫紅，端白色

◀ 掌狀 3 裂葉，徑 6~10 公分，莖葉密生粗毛，枝節處著生 1 葉、1 卷鬚、1 花、1 芽苞、2 絲裂狀托葉

猿尾藤

黃褥花科 / 蔓藤

- 學名 *Hiptage benghalensis*
- 臺灣原生種

▶ 單葉對生，新嫩枝葉色紅

▲ 腺點

▼ 花序頂生，花枝色紅、佈毛茸

▼ 葉背近葉基與葉緣有腺點

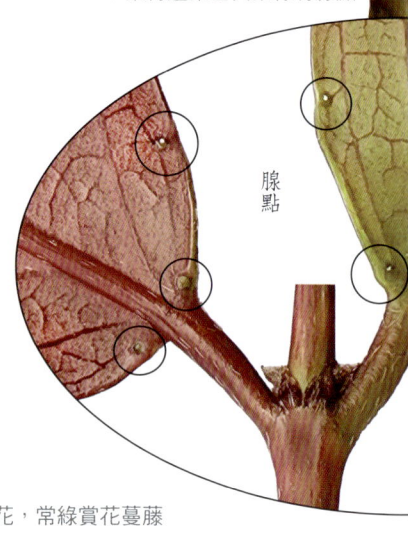

腺點

▼ 葉長 10~15 公分、寬約 5~7 公分，柄長不及 1 公分

7 月盛花，常綠賞花蔓藤（臺中秋紅谷）

441

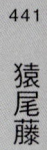

猿尾藤

蔓藤

▼花序頂生

▼總狀花序、長 10~15 公分

▶花徑 2~2.5 公分，花瓣緣波浪細裂

▼翅果有 3 翅，形狀及大小多變，果熟褐色，球形種子、徑 0.4 公分

▲10 雄蕊長度不一，其中 1 枚特別較長；萼深 5 裂，基部 5 腺體

鼠李科

蔓藤

小葉黃鱔藤

- 學名 *Berchemia lineata*
- 原產地 東亞溫帶至亞熱帶

◀ 單葉互生，近似 2 列狀，全緣，葉面暗綠、背淡綠色

▲ 葉長 1~1.5 公分、寬 0.5~1 公分、柄長 0.2 公分、有毛茸，葉基似有 3 出脈，細網脈平行，葉端有芒尖

▼ 小花叢生狀，花瓣披針形，長約 0.3 公分，花期春～秋

◀ 白花，頂生或腋生總狀花序，花序長 2~4 公分，白色花萼線形、直立鑷合狀

▶ 常綠低矮匍匐性蔓灌，花葉均細緻

443

木犀科

蔓藤

- 學名 *Jasminum dichotomum*
- 英名 Gold coast jasmine
- 原產地 東非

粉苞素馨

◀葉長 3~4 公分、寬 2~3 公分，葉背有毛茸

▼枝、葉柄、葉背中肋的毛茸多

▲單葉對生，葉基 3 出脈，枝葉均有毛茸

▶常綠蔓灌，需有支持物才可攀附較高

▼花具芳香，花期夏至秋

粉苞素馨

蔓藤

▼花苞粉紅色,故名粉苞素馨

▲繖房花序頂生,花萼合生成杯形,4~11 裂,裂片細長,具細毛、宿存

▲花白、萼紅色

▲花瓣合生,6~11 裂片,花徑 3~4 公分,高腳碟狀花冠、具長筒

445

木犀科

蔓藤

▼單葉對生，嫩枝佈毛，葉形多變化

・學名 *Jasminum hemsleyi*
・臺灣原生種

山素英

花頂生或成對腋生

▶葉基圓截形、3 出脈

◀花期春夏，花與枝葉均細緻

常綠蔓藤（臺中綠空鐵道）

446

山素英

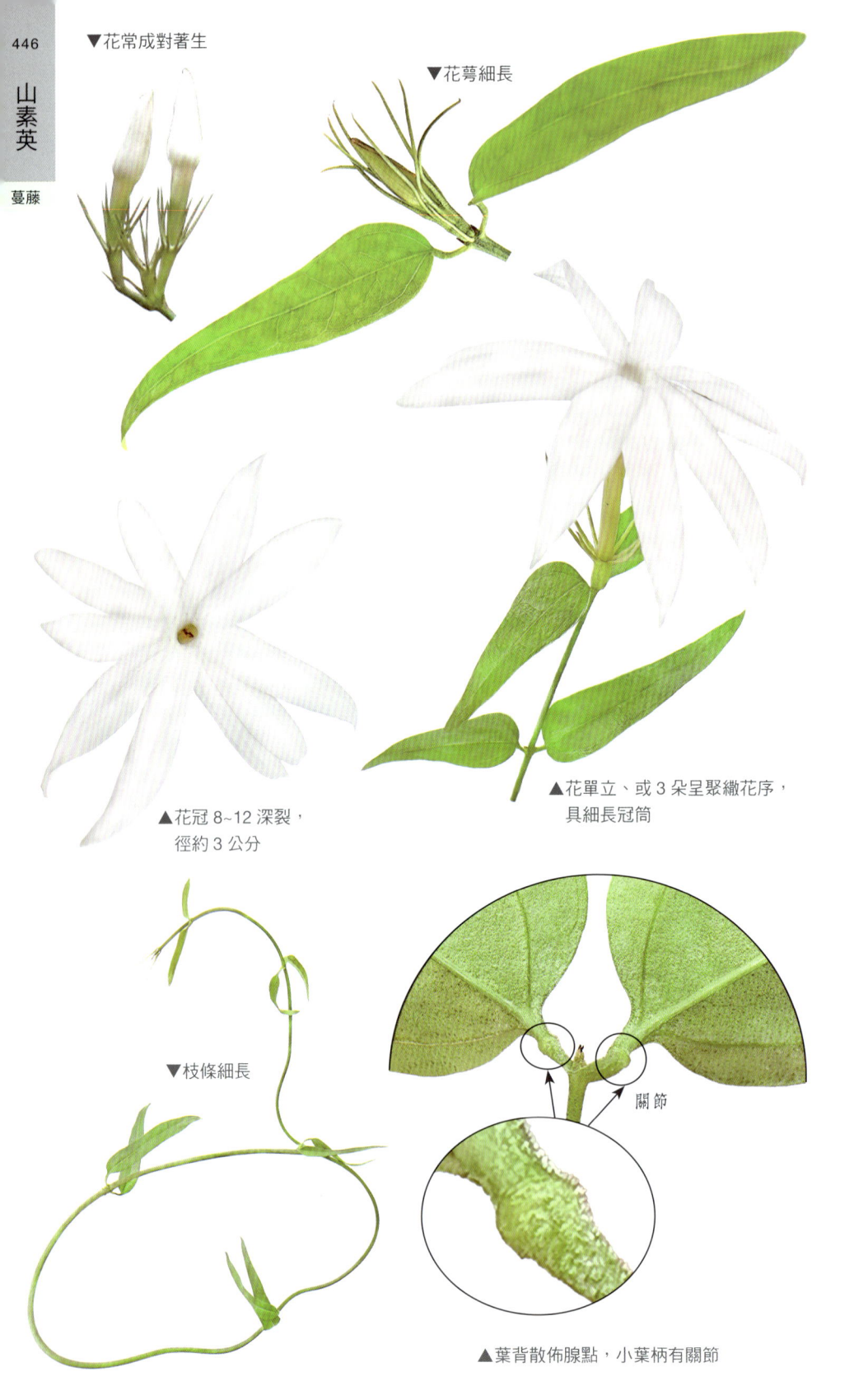

蔓藤

▼花常成對著生

▼花萼細長

▲花冠 8~12 深裂，徑約 3 公分

▲花單立、或 3 朵呈聚繖花序，具細長冠筒

▼枝條細長

關節

▲葉背散佈腺點，小葉柄有關節

- 學名 *Jasminum nitidum*
- 英名 Angelwing jasmine
- 別名 大白素馨
- 原產地 亞洲、新幾內亞

天使之翼素馨

木犀科

蔓藤

▲單葉對生

▼枝條稍長，可修剪成灌木綠籬

▼新枝葉紅色

▼枝葉光滑無毛，葉長 10 公分

▶常綠蔓灌，夏季開花

448 天使之翼素馨
蔓藤

▼花萼細線狀、數多，花枝整體紅色

▼花白、花苞紅色

◀ 10~12 花瓣、長披針形，花具濃烈香氣

▶夏季開花，花徑 4~5 公分

449 木犀科 蔓藤

秀英花

- 學名 Jasminum officinale
- 原產地 亞洲

◀ 1回奇數羽狀複葉，小枝細、有角棱，葉基似有3出脈

▶ 花頂生

▼ 7~11月開花，香氣濃郁，花可為茶葉賦香

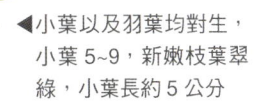

◀ 小葉以及羽葉均對生，小葉5~9，新嫩枝葉翠綠，小葉長約5公分

▶ 4~5花瓣，花徑與長均約2公分

半落葉蔓灌，枝纖細下垂（二重疏洪道）

▶ 萼綠色，5深裂，長約1公分，裂片狹而尖

木犀科

蔓藤

多花素馨

- 學名 *Jasminum polyanthum*
- 英名 Pink jasmine
- 原產地 中國

▼一回奇數羽狀複葉，複葉與小葉均對生，小葉 5~7

▼聚繖花序頂生或腋出，小花長漏斗形

▲星形花冠 5~6 裂，花具香味

▲白花、紅花蕾，花數頗多

◀常綠蔓藤，枝條不具攀緣、貼附及纏繞性，須人為牽引固定

▲花蕾細長、紫粉紅

▶花期 2~8 月

451

夾竹桃科

蔓藤

◀嫩枝葉有毛

- 學名 *Beaumontia grandiflora*
- 英名 Easter lily vine
- 原產地 印度、中國

百合藤

▶單葉對生，葉長橢圓形，長 10~15公分、寬4~8公分

▼新嫩葉芽、以及翠綠新葉背的中肋與羽側脈紅紫色

▼乳汁豐富

▲艷紅的花蕾與花萼

◀聚繖花序，小花3~5朵，花形似百合，故英名為 Easter lily vine

▼喇叭形白花，花徑約10公分，下垂，具清香

常綠藤本，枝條長可達10公尺，春季正逢清明節開花，又名清明花(臺中科博館)

夾竹桃科 蔓藤

細梗絡石

- 學名 *Trachelospermum asiaticum*
- 英名 Asiatic jasmine
- 原產地 中國

▶ 老葉可能轉紅再掉落

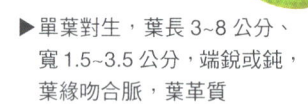

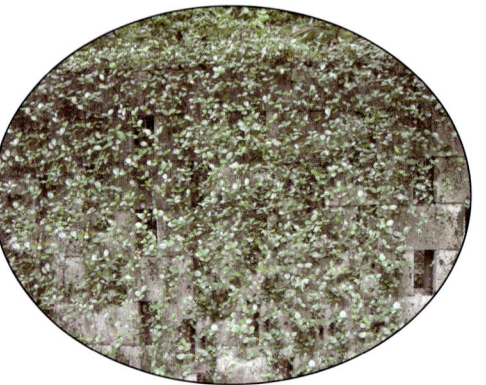

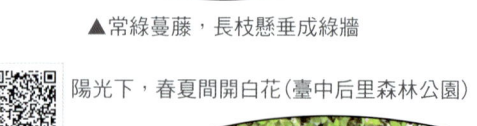

▶ 單葉對生，葉長 3~8 公分、寬 1.5~3.5 公分，端銳或鈍，葉緣吻合脈，葉革質

▲ 常綠蔓藤，長枝懸垂成綠牆

陽光下，春夏間開白花（臺中后里森林公園）

▲ 新嫩枝綠色、略被淡褐色細毛，漸轉紫褐色

耐陰地被，但陰暗處較不會開花（臺中科博館）

453

細梗絡石

蔓藤

▼花苞粉紅白、斜垂狀

▶聚繖花序，花冠高盆形，5雄蕊、花藥略挺出花冠筒

▼花徑1~2公分，5裂片、基部扭轉如風車

▶白花、冠喉部內外均呈黃色

◀與絡石比較：花較小、但每朵開花時間較長，可綻放約1周，花冠筒口光滑無毛

454

夾竹桃科

蔓藤

黃金絡石

- 學名 *Trachelospermum asiaticum* 'Gold Brocade'
- 園藝栽培種

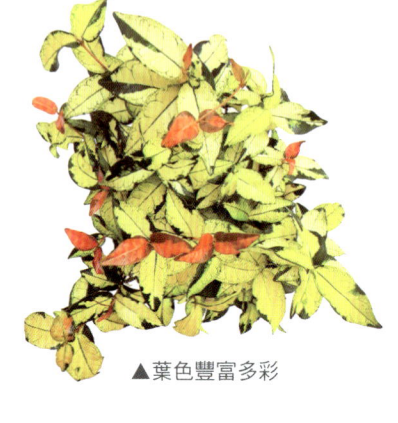

▼單葉，近十字對生，葉光滑無毛

▼單葉對生，新葉較紅，漸轉黃綠斑

▼陽光不足，黃斑轉綠、較暗淡

▲葉色豐富多彩

▼白花，花心黃色、無毛，4~5月開花，花徑約1公分，每朵綻放多日

▼日照越好，葉色越鮮豔

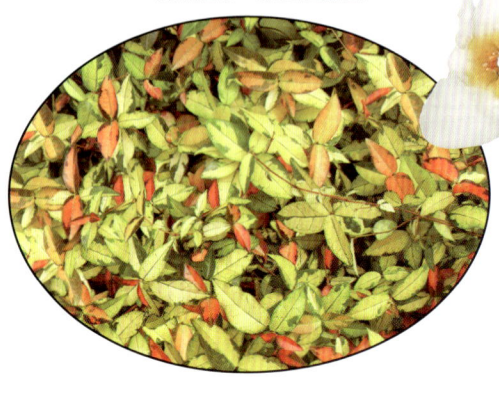

▼枝條會長出氣生根，貼附樹幹拓展

常綠蔓藤，賞花葉的地被（臺北花博公園新生園區）

455 夾竹桃科 蔓藤

▼枝略被毛茸

・學名 *Trachelospermum asiaticum* 'Tricolor'
・園藝栽培種

斑葉絡石

▼植生牆吊盆

▶新葉紅，乳白、綠斑點，隨時間、綠色比率越多

▲枝長，葉色多變化

常綠蔓藤，賞花賞葉地被，陽光下葉色亮麗（成美文化園）

▼白花、心黃色，花徑約 1 公分

絡石

- 學名 *Trachelospermum jasminoides*
- 臺灣原生種

夾竹桃科
蔓藤

▼管狀花冠、5 裂片

▶花枝、花苞佈毛

▶枝條藉氣生根密貼樹幹

▲白花，旋轉、放射對稱

▲與細梗絡石的花比較，花徑近 2 公分、稍大，花心有毛茸，但每朵花綻放僅約 2 天、較短

▼耐蔭，但陽光較充足處才會開花

▼花期春夏，3~5 月為盛花期

457

絡石

蔓藤

▼新葉艷紅

▶冬季葉色可能轉銅紅，嫩枝毛茸多，老枝漸轉光滑無毛

▶嫩枝密佈毛茸、枝條發出氣生根，貼附牆面或樹幹

▶單葉對生，葉形與大小變化多

▲嫩枝葉可能泛紅

▶葉背中肋與葉柄毛茸明顯，柄端切口流白乳汁

▶葉橢圓形，長 3~10 公分、寬 1~4 公分

沿電桿攀爬高達 5 公尺（南投草尾嶺步道）

毬蘭

蘿藦科 / 蔓藤

- 學名 *Hoya carnosa*
- 英名 Wax plant
- 臺灣原生種

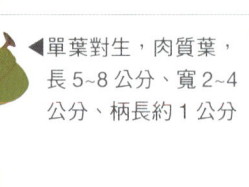

◀ 單葉對生，肉質葉，長 5~8 公分、寬 2~4 公分、柄長約 1 公分

▼ 球狀之繖形花序，小花冠徑約 1 公分，花冠外側為主花冠，大型、表面有毛茸

▲ 氣生根吸貼蛇木柱

▶ 莖枝肉質，節處發出氣生根，藉以貼附

◀ 2 層花冠、肉質，中央的副花冠較小，透明、粉紅至紅色；新嫩葉面佈毛

▼ 常綠藤本，耐旱、耐蔭，藉氣生根吸貼幹拓殖

▼ 花期夏至秋季

卷葉毬蘭
Hoya carnosa 'Compacta Regalis'

459

蘿藦科

蔓藤

生長緩慢，美化棚架耗時較久（田尾菁芳園）

▲花類同毬蘭

◀賞花葉之低養護蔓藤

▶葉旋卷扭曲，葉背色較淺

彩葉毬蘭　*Hoya carnosa* 'Tricolor'

▲葉色多變化

▲葉中肋乳白、黃或紅粉

▲葉緣綠色

460

蘿摩科

蔓藤

斑葉毬蘭
Hoya carnosa 'Variegated'

▲植生牆賞花葉之耐旱植物

▲粉白花、中心紅色

▼綠葉、緣乳白色

大毛帽毬蘭　*Hoya mirabilis*

▲花徑約 1 公分

▲嫩葉橢圓、較短胖，成葉轉披針形，原產於泰國

心葉毬蘭 *Hoya kerrii* ▼枝節發出氣生根 461

蘿藦科

蔓藤

▲葉心型、厚實

▼繖形花序，腋生

▲花中央的副花冠，特別肥大高突

▼斑葉心葉毬蘭 *Hoya kerrii* 'Variegated'

流星毬蘭

蘿藦科 / 蔓藤

- 學名 *Hoya multiflora*
- 英名 Shooting star hoya
- 別名 火箭毬蘭
- 原產地 東南亞

▼ 葉薄革質，長 10~15 公分

▼ 單葉對生

▲ 白色副花冠聚合成尖錐狀

▼ 主花冠的花瓣色乳黃、深黃或綠白

▼ 聚繖花序腋生，每花序小花超過 20 朵，種名 multiflora 意指多花

▼ 常綠蔓灌，全年開花，每一花序不只綻放 1 次

- 學名 *Stephanotis floribunda*
- 英名 Madagascar jasmine
- 原產地 馬達加斯加島

非洲茉莉

蘿摩科

蔓藤

▼枝圓柱形，新嫩枝綠色，漸轉紅褐色

▶單葉對生，葉厚肉質，長 8~12 公分、寬 3~5 公分；新嫩葉翠綠、柄基泛紅

▼葉面色綠、背色較淺，葉緣弧形吻合脈

▲花臘質，具清雅芳香，花冠長管狀，5 裂

▼半常綠纏繞性蔓藤，低溫時葉會黃化

非洲茉莉

蔓藤

▼花序腋生，花苞有綠色花萼、5深裂

▼繖形花序，小花多 5~10

▼花冠長管狀高盆形、長 2.5~3 公分，綠花梗長 1~3 公分

▼白花，臘質花瓣 5

▶花徑約 2 公分，冠喉內面基部有毛茸

◀碩大蓇葖果，長約 10 公分 (陳佳興拍攝)

▶綠果轉熟約須 1 年、熟紅褐色，果實具毒，不可食用 (陳佳興拍攝)

馨葳

紫葳科 蔓藤

▼果實長8公分、徑2公分，果熟自動開裂

- 學名 *Pandorea jasminoides*
- 英名 Bower of beauty
- 原產地 澳洲東部

◀ 1回奇數羽狀複葉，小葉 5~7

▼花冠徑 4~7 公分

▲花期晚春至夏季，短圓錐花序

白花馨葳　*Pandorea jasminoides* 'Lady Di'

粉花馨葳　*Pandorea jasminoides* 'Rosea Superba'

斑葉䔲葳

Pandorea jasminoides 'Ensel-Variegata'

紫葳科

蔓藤

▲常綠賞花葉蔓灌，須立支架，人為牽引固定，春末至秋季開花

◀1回奇數羽狀複葉，複葉與小葉均對生，小葉 5

▶綠葉有不規則之乳白或乳黃色斑紋，葉軸具溝槽

▶莖枝會纏繞，小葉長 3~5 公分、寬 1~2.5 公分、小葉無柄或柄長僅 0.2 公分

◀花冠鐘鈴形，5 瓣，白至淡粉紅色，喉部赤紅、佈毛

▲莖枝細長，長達 4 公尺

- 學名 *Clerodendrum thomsonae*
- 英名 Bleeding heart vine
- 別名 珍珠寶蓮
- 原產地 西非

龍吐珠

馬鞭草科

蔓藤

▲單葉，十字對生

▶葉面凹凸不平，葉脈處凹陷，且散佈粒點

葉面　　葉背

▲葉長約 10 公分、寬 4 公分、柄長約 2 公分，葉基 3 出脈

◀偶見核果藏於宿存花萼內，種子黑色（吳昭祥拍攝）

▼半落葉之攀緣性蔓灌，花期頗長，僅冬季較不開花

龍吐珠

蔓藤

▼紅花蕾徑約 0.5 公分、被毛，白色花萼、長 1.5~2 公分

▲紅花蕾如珠球狀，自白花萼中鑽出，如龍吐出珠子，故名

▼花序腋出或頂生，4 雄蕊，花絲細長、直挺伸出花冠外

▼花冠高盆狀，紅花 5 瓣，冠筒狹長，長約 2 公分，花枝紫褐色

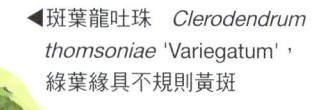

◀斑葉龍吐珠 *Clerodendrum thomsoniae* 'Variegatum'，綠葉緣具不規則黃斑

469

茄科

蔓藤

素馨葉白英

▼單葉互生

- 學名 *Solanum jasminoides*
- 英名 Potato vine
- 原產地 南美洲

▼花朵初綻放淺紫白，後轉純白

◀聚繖花序頂生，花心的1雌蕊、被黃色一圈直立雄蕊包圍

▲漿果，徑約1公分，圓形、深藍紫至黑色

▼常綠蔓藤，藉長枝纏繞攀附，枝長可達5公尺

▶葉長 3~5 公分、寬 1.5~2.5 公分

茄科

蔓藤

金葉藤

- 學名 *Solanum jasminoides* 'Variegata'
- 英名 Variegated potato vine
- 園藝栽培種

▶單葉互生，長 3~5 公分、寬 1~3 公分、柄長 1~3 公分

◀花心的雌蕊特別長，伸出雄蕊群

▼葉形多變化，全緣或羽狀裂葉，綠葉緣金黃色

▼花萼紫紅黑

▼溫暖地區全年開花，夏季為盛花期

▼半常綠蔓藤，低溫會落葉，莖枝纏繞攀附支架伸展，亦適地被

▼白花、雄蕊黃，賞花與葉

厚葉牽牛

旋花科 蔓藤

- 學名 Ipomoea imperati
- 別名 白馬鞍藤、海灘牽牛
- 臺灣原生種

▼白花冠漏斗狀、花心淺黃，花徑與長 3~5 公分

▼葉基多出脈

▲白天開花，花期頗長

◀多年生蔓性草本，全株無毛，新嫩枝與葉柄泛紅紫褐色

▶葉背色較淺

▲葉長 1~6 公分，端鈍或凹，基鈍、截或心形，葉柄長 0.5~4 公分

常綠蔓藤，適合地被，濱海固砂，較不耐低溫（田尾豐田景觀苗圃，陳佳興拍攝）

葉形多變化，全緣或 3~5 深至淺裂

白花赤道櫻草

- 學名 *Asystasia gangetica* 'Alba'
- 英名 White Chinese violet
- 園藝栽培種

▼單葉對生，葉長 3~6 公分、寬 1~3 公分

▼花徑約 2~3.5 公分，5 裂

▼花冠管長 2~3 公分

▶株高多不及 60 公分，莖直立、斜生、匍匐或懸垂，嫩莖具稜，全株被毛

473

唇形科

蔓藤

- 學名 *Glechoma hederacea* var. *grandis*
- 英名 Japanese ground ivy
- 原產地 歐洲

金錢薄荷

◀花長約 1~1.5 公分、淡紫白，內面散佈深紫色斑點，管狀花冠 2 唇形，上唇端微凹、下唇 3~4 裂，春至秋開花

▼多年生匍匐蔓性草本（臺北植物園）

為歸化植物，全株具芳香味
（田尾豐田景觀苗圃）

耐寒，中海拔生長良好
（信義鄉栓兒明隧道）

金錢薄荷

蔓藤

▼單葉對生，葉腎形或闊心形，枝節處觸土著根

▶嫩枝葉被疏毛，葉緣疏圓鋸齒，葉基 5~7 出脈

葉背

▶葉面隨脈紋皺縮不平，兩面均被毛茸

▶莖略方形，葉長 1.5~2 公分、寬 2~2.5 公分、柄長 2~5 公分

▶斑葉金錢薄荷　*Glechoma hederacea* 'Variegata'，綠葉鑲不規則的白邊

緑色花

豆科

蔓藤

碧玉藤

- 學名 *Strongylodon macrobotrys*
- 英名 Jade vine
- 別名 綠玉藤、翡翠藤
- 原產地 菲律賓

半落葉藤木，枝長可超過 20 公尺，爬上棚架，花期 12~5 月(苗栗花露農場)

▼蝶形花冠

▲小葉長 8~12 公分、寬 4~5 公分，複葉總柄長 4~5 公分

◀3 出複葉，葉背脈紋明顯，側生小葉歪長卵形

◀小葉柄短小，明顯較葉軸粗

▶葉背毛茸明顯

477

碧玉藤

蔓藤

◀ 枝條具纏繞性

◀ 花序長可達 1 公尺，花藉蝙蝠授粉

▶ 花萼紫藍色，長約 1.5 公分

▲ 總狀花序，下垂狀，花期 12~5 月

◀ 旗瓣長約 4 公分、寬約 2 公分，端尖彎鉤狀的龍骨瓣，長約 6 公分，花蕊藏於內、10 雄蕊

三角葉西番蓮

- 學名 *Passiflora suberosa*
- 英名 Corkystem passionflower
- 原產地 巴西

西番蓮科

蔓藤

▶ 單葉互生，掌狀 3 裂葉

▼ 葉長 3~5 公分、寬 4~6 公分，柄長 1~2.5 公分、具 1 對腺點，葉基 3 出脈

捲鬚

腺點

花苞

▼ 多年生蔓性草本

▶ 葉毛茸多，彈簧狀捲鬚

▼無花冠，5 綠白色花萼、長不及 1 公分，長細絲狀副花冠，約 0.3 公分、綠白色，5 雄蕊，雌蕊花柱 3 叉

479 三角葉西番蓮 蔓藤

▲花藥朝下

▲長枝

▶綠果成熟轉黑紫色

▶漿果，徑約 1 公分

480

蘿藦科

蔓藤

華他卡藤

- 學名 *Dregea volubilis*
- 臺灣原生種

▶花序腋生，花於夜間會散發特殊氣味，花期 4~9 月

▼副花冠淺綠色，小花徑約 1 公分

▶花冠 5 深裂，裂片卵橢圓形，長不及 1 公分，副冠徑 0.4 公分

▶葉卵心形，長 8~15 公分、寬 4~10 公分、柄長 4~10 公分

▼纏繞性藤本，藉嫩枝纏繞支持物攀附；單葉對生，葉基心形、3 出脈

花苞群

▲花苞群綠色，嫩枝葉與花均有毛，葉是斑蝶類幼蟲食草

多色花

九重葛

紫茉莉科 蔓藤

- 學名 *Bougainvillea* spp.
- 園藝栽培種

為免影響用路人通行,需要高頻度修剪
(臺中東大路側)

盛花期的打卡經典景點
(臺中東大公園)

種植於駁坎上方
(彰化水月臺路)

覆蓋斜屋頂,需人為牽引固定
(臺中湄南河餐廳)

攀爬上棚架
(臺中敬德護理之家)

同株嫁接多個品種

483

九重葛

蔓藤

▼多種花色品種，嫁接於同一株

▲多花色與斑葉品種　　▲成美文化園

多品種混植、色彩繽紛

▼彰化田中九重葛花牆（吳昭祥拍攝）

▼臺中中科臺積電圍牆外

◀修剪塑型（南投魚池三育基督學院）

484

九重葛

蔓藤

▼單葉互生，小枝具尖銳之倒鉤刺

▲葉長 3~6 公分、葉寬約 3 公分、柄長 1~2 公分

葉面　　葉背

▲葉基似有 3 出脈

▼3 枚花苞合生，內有 3 小花，頂生或腋出

▲小花圓錐形排列或聚繖花序

◀主要以觀賞其大型且色彩鮮艷、持續較久的花苞，花苞乃變態葉，每朵小花具 1 瓣狀花苞

▼花序密簇

▼中央具細管的黃白色是真正的小花，外圍有 3 片大型彩色苞片

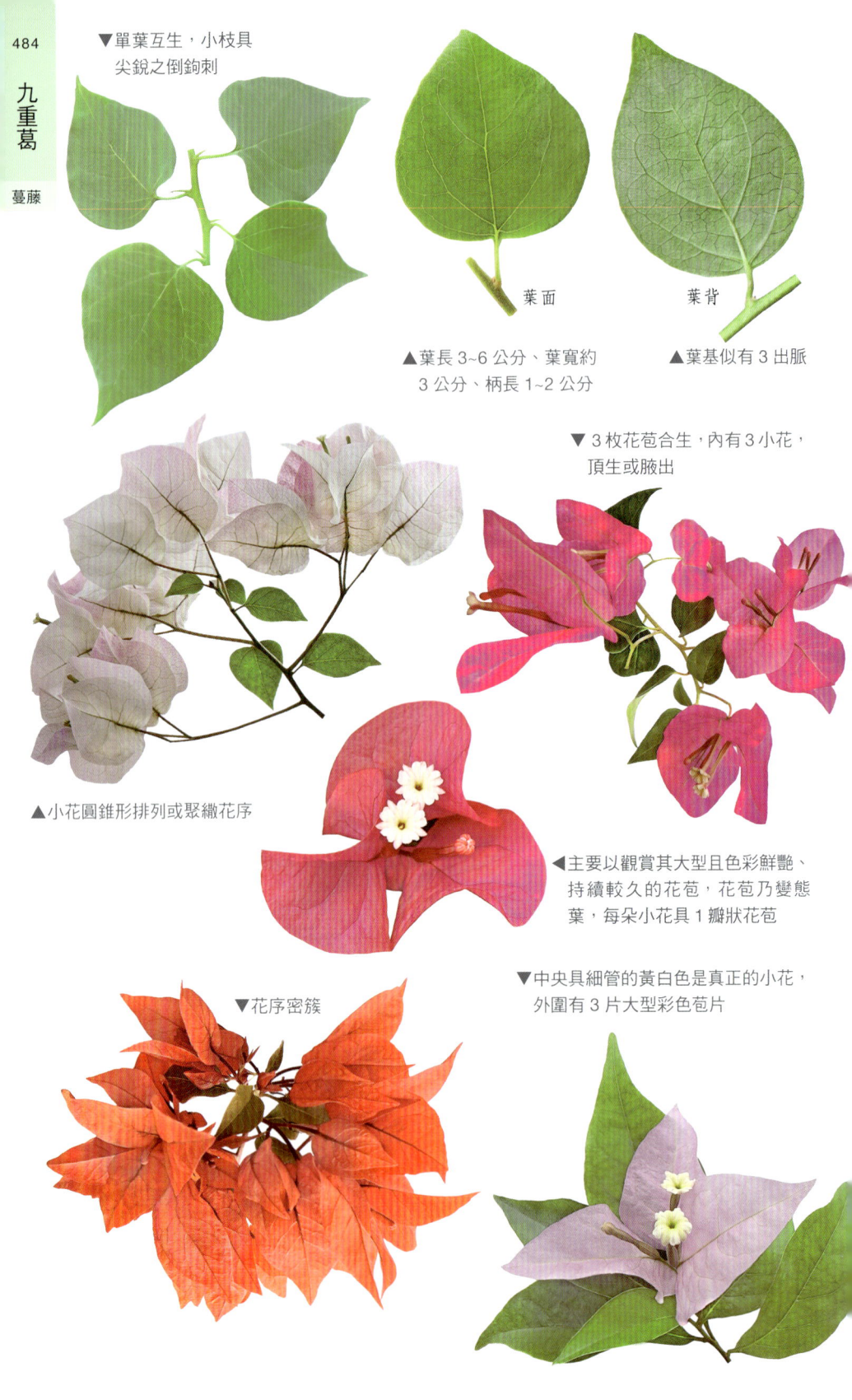

▼白花苞、端紅　　　　　　　　　花苞色不同　485

九重葛

蔓藤

▲淺黃橙花苞

▶白花苞

▼紅橙花苞

▼黃橙花苞

▼紫紅花苞

▼玫瑰紅花苞

重苞九重葛

九重葛

蔓藤

斑葉九重葛

▲綠葉、緣乳白

▶紫紅花、斑葉

▲新葉乳白，老葉僅葉緣乳斑

▼綠葉黃邊、白花

▲綠葉白邊、白花

487

九重葛

蔓藤

▲紅花、葉鑲嵌色

鑲嵌九重葛

▲花紅紫、葉鑲嵌色

彩葉九重葛

▲綠葉黃邊、新葉紅

▼綠葉黃邊、粉花

▲綠葉乳白邊

◀綠葉黃邊、花玫瑰紅

▼綠葉黃邊、花艷紅

▲新葉金黃、老葉轉綠

火炬九重葛 *Bougainvillea* 'Bangkok Red'

九重葛 蔓藤

▼花與葉片均密簇著生，枝節間較短、多不及3公分

▲花枝直挺

◀花色多為紅、紫紅、玫瑰紅等

▶斑葉火炬九重葛
Bougainvillea 'Torch glow variegated'

◀英名 Torch glow 或 Pink pixie，形容其豔紅花朵群聚如火炬

▶常綠蔓灌，莖枝較短，直出或斜上生長

粉紅豹九重葛

489

九重葛

蔓藤

▼日照不佳也會開花

▲賞花與葉的常綠蔓藤，新葉金黃翠綠，老葉轉綠

▲陽光強，新葉色越金黃，弱光葉色轉翠綠、花淡粉

畫報九重葛（花豹九重葛）

金心雙色九重葛

◀枝節有彎刺

◀賞花與葉，且花色多變

▲綠葉、中肋黃斑

◀常綠蔓藤，非花期可賞葉，全年具觀賞性

▲一朵花的3苞片可能不同色

紫蟬花

- 學名 *Allamanda blanchetii*
- 英名 Purple allamanda
- 原產地 巴西

夾竹桃科
蔓藤

市面常見多為園藝栽培品種。

▶ 3~5 單葉輪生，聚繖花序自枝端或近枝端的葉腋伸出

▲ 嫩葉毛茸多

▼ 葉長 10~20 公分，葉端圓、有小突尖，嫩枝葉具毛茸

▲ 漏斗形花 5 裂，花色淺紫紅至深紫紅，花徑近 10 公分

▶ 夏秋盛花

Allamanda hybrid

491

紫蟬花

蔓藤

小紫蟬

▲葉較小、枝葉毛茸多

▲花朵較小

紅粉紫蟬

◀常綠蔓藤，株高可達 3 公尺

▼花色紅粉白

暗紅紫蟬

▼花色暗紫紅

▲花蕾暗紫紅

飄香藤

- 學名 *Mandevilla spp.*
- 英名 Brazilian jasmine
- 園藝栽培種

▼葉長約 10~20 公分、寬 5~10 公分

▲單葉對生，葉背色較淺

▼多種花色群植，花色多紅粉、易搭配

▲長枝條藉以纏繞攀附

493

飘香藤

蔓藤

Mandevilla sanderi 'My Fair Lady' **白花**

▲綠葉、中肋紅

▲常綠蔓藤，白花，花蕾白

▶白花、冠喉黃，花蕾粉紅，全綠葉

Mandevilla 'Double Pink' **粉白花重瓣**

Mandevilla 'Sun Parasol Apricot' **杏色花**

▶單葉對生，葉背色淺

▲杏色花，冠喉橘色，瓣緣泛粉

▼常綠纏繞性蔓藤，全日照開花旺盛，耐高熱

▼淺黃橙花，春夏開花

494

飄香藤

蔓藤

Mandevilla sanderi 'Bloom Bells Pink' 粉紅花：紅花、冠喉黃，夏至秋開花，圓錐花序，花徑約 10 公分

Mandevilla sanderi 'Bloom Bells Red' 紅花：常綠蔓灌，花瓣端突尖

Mandevilla sanderi 'Rosea' 粉花

▲葉長可達 20 公分

▲常綠蔓藤，花會吸引蝴蝶，熱帶地區幾乎全年開花

▲花徑 6 公分，花長 8 公分

◀花從綻放至謝，花色由粉紅至粉白，日照強弱亦會影響花色

◀花蕾的花瓣旋轉交疊，乃夾竹桃科的特徵

Mandevilla 'Red Double' 紅花重瓣

Mandevilla 'Deep Red' **豔紅花**

495

飄香藤

蔓藤

◀枝纏繞攀爬向上

▼花色豔紅

◀嫩枝佈毛茸，葉長可達 20 公分

▲蔓藤，較耐寒

Mandevilla x amabilis 'Magic Dream' **斑色豔紅花**

▼單葉對生，新嫩枝葉紅；葉面突起皺摺，又名紅皺藤

▶斑色紅花

Mandevilla splendens 'Fire and Ice' **豔紅花、斑葉**：花徑約 10 公分，葉長可達 20 公分、斑葉，較不耐寒

▶枝纏繞攀爬向上

鐵線蓮

毛茛科 蔓藤

- 學名 *Clematis spp.*
- 英名 Clematis
- 園藝栽培種

▼多年生蔓藤，依品種有冬眠、夏眠等，於休眠期，其葉色轉黃、乾枯或落葉

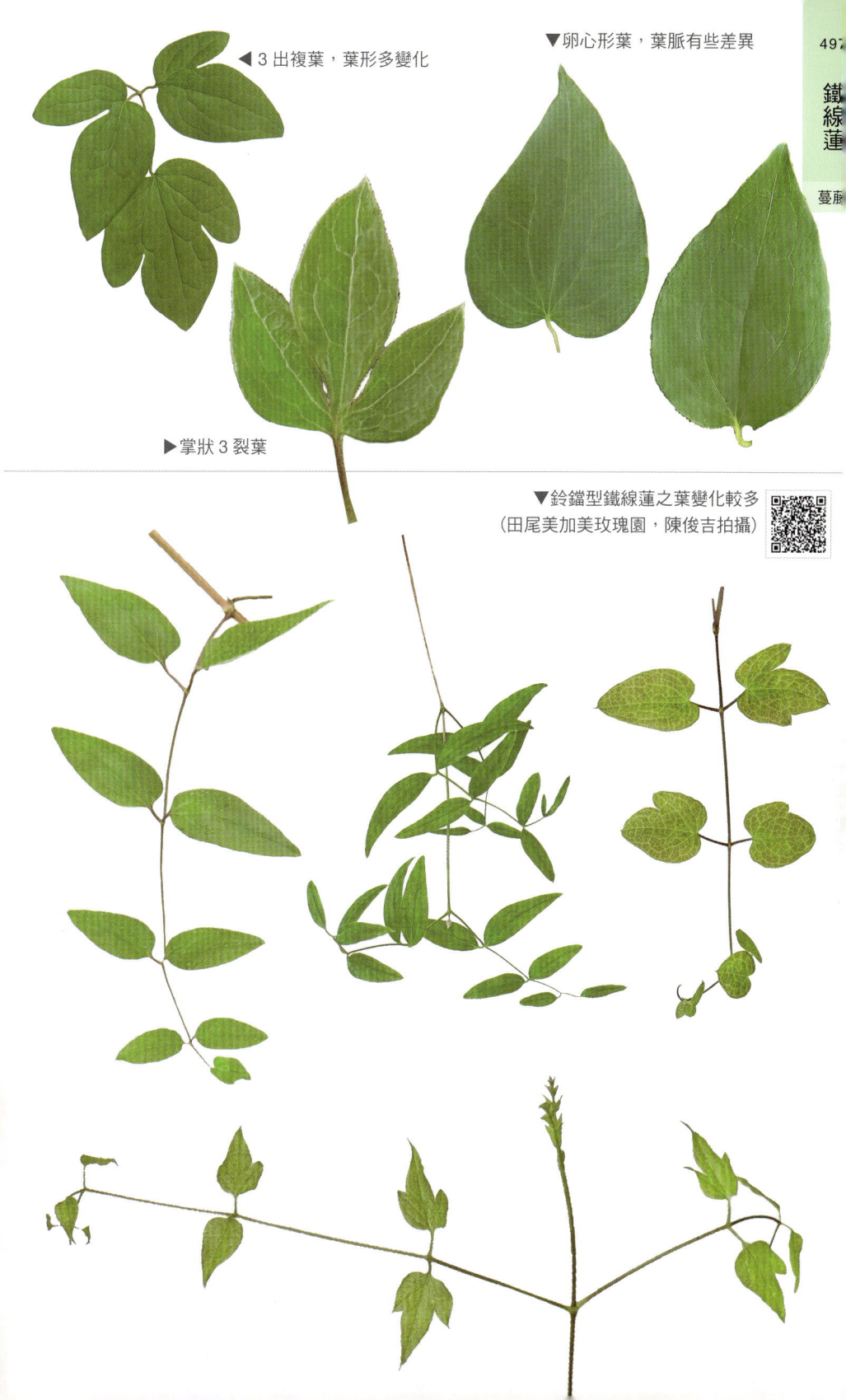

◀3出複葉，葉形多變化　　▼卵心形葉，葉脈有些差異

497 鐵線蓮 蔓藤

▶掌狀3裂葉

▼鈴鐺型鐵線蓮之葉變化較多
（田尾美加美玫瑰園，陳俊吉拍攝）

498

鐵線蓮

蔓藤

花　主要觀賞多彩且大型的花萼

品種名稱提供：臺灣鐵線蓮 https://www.facebook.com/groups/755814566597896
美加美玫瑰園 https://rosehome.tw/

▲白雪姬

▲貝特曼小姐

▲屏東鐵線蓮
Clematis akoensis

▲愛丁堡

▲愛丁堡公爵

▲早池峰

▲侏儒藍

▲皇后

▲約瑟芬

499

鐵線蓮

蔓藤

▲包查德女伯爵

▲幻紫

▲蜜蜂之戀　　▲蜜蜂之戀（慶典）　　▲扇沢

▲魯佩博士　　▲魯沛博士　　▲新幻紫

▲畫天使（桃萬重）

▲茱莉亞夫人

500

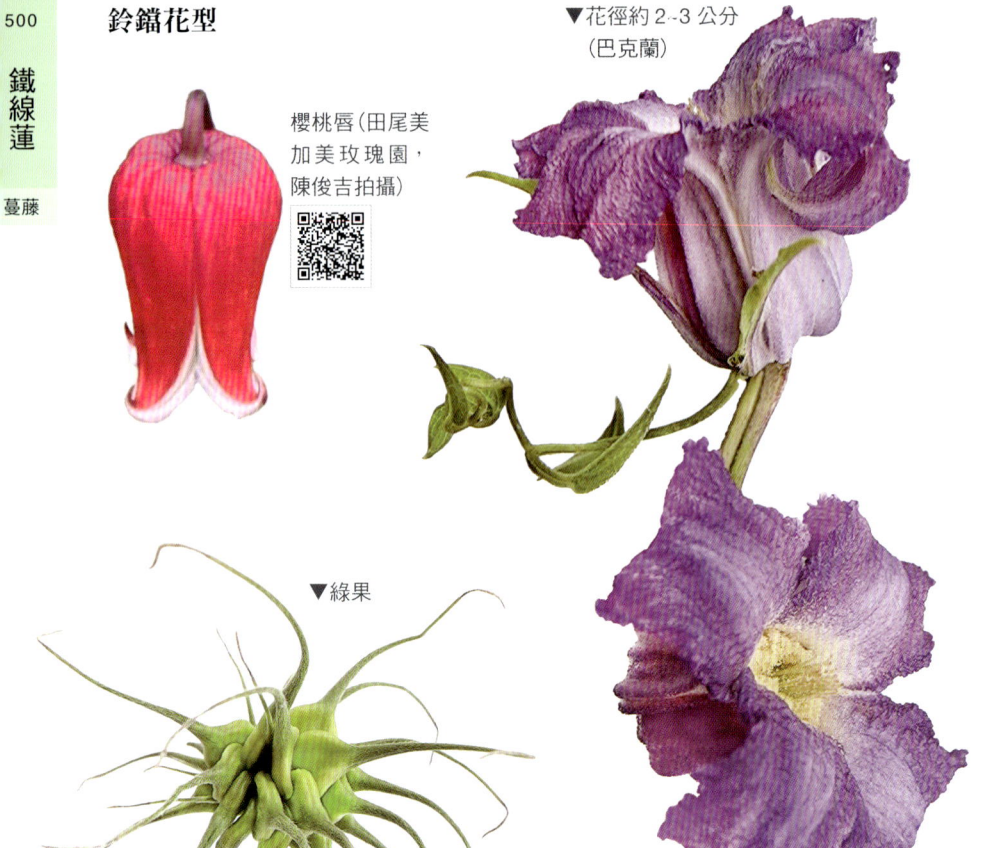

鐵線蓮

蔓藤

鈴鐺花型

櫻桃唇（田尾美加美玫瑰園，陳俊吉拍攝）

▼花徑約 2-3 公分（巴克蘭）

▼綠果

▼果實不同成熟階段

▼熟乾褐色，種子自動脫離

501 花葱科 蔓藤

- 學名 *Cobaea scandens*
- 英名 Purplebell Cobaea
- 原產地 墨西哥

電燈花

◀羽葉基部一對小葉近莖枝著生，葉基戟狀或耳形，似托葉

▼小葉長約 10 公分、寬約 5 公分，多分歧的卷鬚由羽葉軸端，對生 2 小葉基部發出，卷鬚糾結纏繞

▲羽葉基部一對小葉近莖枝著生，葉基戟狀或耳形，似托葉

多年生纏繞草本，立支架固定、助其往上長（田尾香久園）

▲羽狀複葉互生、小葉 2~3 對、對生

紫紅花

電燈花

蔓藤

香久園

▼花單生葉腋，花梗長約 20 公分，花萼裂片葉狀

▼花冠長 5 公分、徑約 4 公分，5 淺裂，5 雄蕊，花絲先端彎曲

◂雄蕊花粉爆出

▶花瓣毛緣

黃白花

臺大山地實驗農場
梅峰本場

花索引

紅粉花喬木

016 山櫻	019 八重櫻	021 瓔珞木

023 艷紫荊	025 洋紫荊	026 羊蹄甲	027 大寶冠木

029 花旗木	033 爪哇旃那	034 彩虹旃那	036 鳳凰木

038 珊瑚刺桐	040 雞冠刺桐	042 刺桐	045 南洋櫻

046 雨豆樹	050 胭脂樹	052 昂天蓮	054 櫻葉蘋婆

056 星花酒瓶樹	058 掌葉蘋婆	060 美人樹	062 粉紅木棉

505 紅粉花喬木

063 木芙蓉	 065 重瓣木芙蓉	 067 山芙蓉	 068 百齡花
 068 百齡花	 070 書帶木	 074 傘花鐵心木	 080 砲彈樹
 081 稜萼紫薇	 083 火筒樹	 084 十字葉蒲瓜樹	 085 蒲瓜樹
 086 臘腸樹	 088 火焰木	 090 風鈴木	 091 粉鐘鈴
 031 紅花鐵刀木	 037 火炬刺桐	 038 珊瑚刺桐	 048 澳洲鴨腳木
 020 合歡	 051 紅花銀樺	 071 串錢柳	

506

紅粉花喬木

| 072 密花串錢柳 |  076 棋盤腳樹 |  078 水茄苳 |

橙花喬木

| 094 膠蟲樹 |  096 垂花楹 |  098 黃花無憂花 |  100 木棉 |  100 木棉 |

| 094 膠蟲樹 |  096 垂花楹 |  098 黃花無憂花 |

黃花喬木

| 103 黃玉蘭 |  104 山刺番荔枝 |  107 香水樹 |  113 阿勃勒 |

| 115 黃花鳳凰木 |  117 墨水樹 |  119 盾柱木 |  121 印度紫檀 |  121 印度紫檀 |

| 122 四葉黃槐 |  124 鐵刀木 |  127 黃槐 |  130 小笠原黃槿 |

507 黃花喬木

| 132 黃槿 |  134 繖楊 |  138 臺灣欒樹 |  140 芒果 |

| 144 黃花風鈴木 |  147 黃金風鈴木 |  148 海南菜豆樹 |  150 銀鱗風鈴木 |

| 151 黃鐘花 |  152 彎子木 |  153 重瓣彎子木 |  154 黃花艷桐草 |

| 108 大實孔雀豆 |  110 相思樹 |  111 金合歡 |  114 小豆樹 |

| 129 銀樺 |  136 黃金蒲桃 |  143 黃花夾竹桃 |  143 黃花夾竹桃 |

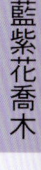

藍紫花喬木

| 156 水黃皮 |  159 大花紫薇 |  161 苦楝 |

508

藍紫花喬木

 163 藍花楹	 165 大花茄	 167 臺灣泡桐
 156 水黃皮	 159 大花紫薇	 161 苦楝
 163 藍花楹	 165 大花茄	 167 臺灣泡桐

白花喬木

062 白花修面刷樹	 170 夜合花	 172 洋玉蘭	 174 白玉蘭
 175 烏心石	 177 蘭嶼烏心石	 178 南洋含笑	 180 第倫桃
 181 菲律賓第倫桃	 184 臺東石楠	 186 臺灣石楠	 187 紫葉李

509　白花喬木

189 梅	 191 李	 192 梨	 194 大葉合歡
 195 白花羊蹄甲	 197 西洋接骨木	 199 珊瑚樹	 205 臺灣海桐
 207 魚木	 209 加羅林魚木	 213 大花杜英	 214 錫蘭橄欖
 216 杜英	 219 梧桐	 220 翅子木	 222 臺灣梭羅木
 224 蘭嶼蘋婆	 226 蘋婆	 228 獼猴木	 230 吉貝
 231 白花美人樹	233 馬拉巴栗	 235 油桐	 237 石栗

510

白花喬木

239 皺桐	 243 森氏紅淡比	 245 大頭茶	246 木荷
 247 厚皮香	 248 蘭嶼胡桐	 250 瓊崖海棠	 252 福木
 263 番石榴	 264 澳洲蒲桃	 266 小葉赤楠	 268 肯氏蒲桃
 270 臺灣赤楠	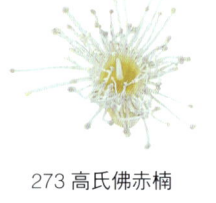 273 高氏佛赤楠	 276 彩虹赤楠	 279 九芎
 280 指甲花	 282 欖李	 284 槙梧	 286 蘭嶼樹杞
 287 柚	 289 馬蜂橙	 291 檸檬	 292 橘子

511　白花喬木

294 石苓舅	 295 臺東漆	 299 流蘇	 301 白雞油
 303 海檬果	 305 鈍頭緬梔	 306 咖啡	 309 蠟燭木
 311 厚殼樹	 312 海州常山	 314 灰莉	 201 臺灣蝴蝶戲珠花
 203 天料木	 210 無葉檉柳	 241 烏桕	 253 賽赤楠
 256 檸檬桉	 257 彩虹桉	 259 黃金串錢柳	 261 白千層
 272 蒲桃	 275 蓮霧	 277 大花赤楠	 308 欖仁舅

512 多色花喬木

317 木蘭・白粉花 　　317 木蘭・紅粉白花 　　318 暗紫紅玉蘭

322 絳桃 　　323 碧桃・白花重瓣 　　323 碧桃・紅花重瓣 　　323 碧桃・粉花重瓣

324 水蜜桃 　　324 菊花桃 　　328 紫薇 　　329 紫薇

333 雜交緬梔 　　333 雜交緬梔 　　333 雜交緬梔 　　333 雜交緬梔

333 雜交緬梔 　　333 雜交緬梔 　　333 雜交緬梔 　　333 雜交緬梔

333 雜交緬梔 　　333 雜交緬梔 　　333 雜交緬梔 　　333 雜交緬梔

513 紅粉花蔓藤

336 穗花木藍	 338 京紅久金銀花	 339 大果西番蓮	 341 艷紅西番蓮

342 紫翼藤	 343 使君子	 345 圓葉布勒德藤	 346 多花蔓性野牡丹

347 蔓性野牡丹	 348 多花野牡丹藤	 349 旋花羊角拗	 350 橡膠紫茉莉

351 歐蔓	 352 紫芸藤	 353 紅萼龍吐珠	 354 珊瑚藤	 356 粉團蓼

358 馬鞍藤	 359 王妃藤	 360 樹牽牛	 361 琉球鈴木草	 362 鈴木草

橙花蔓藤

364 橙羊蹄甲藤	 365 凌霄花	 366 炮仗花	 368 洋凌霄	 370 墨西哥火焰藤

514

黃花蔓藤

372 鷹爪花	 373 木鱉果	 373 木鱉果	 375 三星果藤
 377 法國香水花	 377 黃素馨	 378 雲南黃馨	 379 多花黃蟬
 380 軟枝黃蟬	 381 重瓣小花軟枝黃蟬	 382 金香藤	 383 蘇氏歐蔓
 385 菲律賓石梓	 386 雙花蟛蜞菊	 388 單花蟛蜞菊	 390 南美蟛蜞菊
 391 金盃藤	 392 木玫瑰	 393 跳舞女郎	 394 黃金藤

藍紫花蔓藤

396 蝶豆	 397 蝶豆	 399 小葉魚藤	 401 血藤

515　藍紫花蔓藤

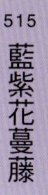

402 蝸牛藤	 402 蝸牛藤	 405 中國紫藤	 407 粉紫西番蓮
 408 紫鈴藤	 410 錫葉藤	 411 錫葉藤	 413 大葉錫葉藤
 416 木通	 418 懸星花	 420 槭葉牽牛	 422 銳葉牽牛
 423 赤道櫻草	 424 赤道櫻草	 424 斑葉赤道櫻草	 425 蔓性蘆莉
 426 大鄧伯	 428 耳葉鴨跖草	 429 耳葉鴨跖草	 430 塊莖鴨跖草

白花蔓藤

433 忍冬	 434 藍西蕃蓮	 435 白花西蕃蓮	 436 百香果

白花蔓藤

439 毛西番蓮	 441 猿尾藤	 442 小葉黃鱔藤	 444 粉苞素馨
 446 山素英	 448 天使之翼素馨	 449 秀英花	 450 多花素馨
 451 百合藤	 453 細梗絡石	 456 絡石	464 非洲茉莉
 465 馨葳	 468 龍吐珠	 469 素馨葉白英	 470 金葉藤
 471 厚葉牽牛	 472 白花赤道櫻草	 458 毬蘭	 462 流星毬蘭

綠花蔓藤

476 碧玉藤	 479 三角葉西番蓮	 479 三角葉西番蓮	 480 華他卡藤

517 多色花蔓藤

482 九重葛	 482 九重葛	 482 九重葛	 482 九重葛

 482 九重葛	 482 九重葛	 482 九重葛	 482 九重葛	 482 九重葛

 490 紫蟬花	 490 紫蟬花	 490 紫蟬花	 492 飄香藤

492 飄香藤	 492 飄香藤	 492 飄香藤	 492 飄香藤

492 飄香藤	 496 鐵線蓮	 496 鐵線蓮	 496 鐵線蓮

 496 鐵線蓮	 496 鐵線蓮	 501 電燈花	 501 電燈花

臺灣自然圖鑑 053

喬木與蔓藤賞花圖鑑

作者	章錦瑜
攝影	章錦瑜
主編	徐惠雅
校對	章錦瑜、徐惠雅、楊嘉殷
美術編輯	林姿秀
封面設計	柳惠芬
創辦人	陳銘民
發行所	晨星出版有限公司 407 台中市西屯區工業區三十路 1 號 1 樓 TEL：04-23595820 FAX：04-23550581 行政院新聞局局版台業字第 2500 號
法律顧問	陳思成律師
初版	西元 2025 年 06 月 10 日
總經銷	知己圖書股份有限公司 (台北)106 台北市大安區辛亥路一段 30 號 9 樓 TEL：02-23672044 FAX：02-23635741 (台中)407 台中市西屯區工業區三十路 1 號 1 樓 TEL：04-23595819 FAX：04-23595493 E-mail: service@morningstar.com.tw 網路書店 http://www.morningstar.com.tw
讀者專線	02-23672044 ／ 02-23672047
郵政劃撥	15060393(知己圖書股份有限公司)
印刷	上好印刷股份有限公司

線上回函

定價 990 元
ISBN 978-626-420-002-8

Published by Morning Star Publishing Inc.
Printed in Taiwan

版權所有，翻譯必究
(缺頁或破損的書，請寄回更換)

國家圖書館出版品預行編目資料

喬木與蔓藤賞花圖鑑／章錦瑜著・攝影 .-- 初版 . -- 台中市：晨星，2025.06
　　520 面；15×22.5 公分 . （臺灣自然圖鑑；053）

　　ISBN 978-626-420-002-8(平裝)

　　1. CST：植物圖鑑　 2. CST：臺灣

375.233   113017302